Kartable

Maths

2de

ellipses

Toute la collection sur **www.editions-ellipses.fr**

Kartable

Composition : Soft Office

ISBN 9782340-081017

8/10 rue la Quintinie 75015 Paris

www.editions-ellipses.fr

Table des matières

Thème 2

Thème 3

THÈME 1

NOMBRES ET CALCULS

Chapitre 1

Les ensembles de nombres

I Les nombres entiers

A Les entiers naturels

Définition **Entier naturel**

Un entier naturel est un entier positif.

Exemple

0, 1, 2, 3 sont des entiers naturels.

Définition **Ensemble des entiers naturels**

L'ensemble des entiers naturels est noté $\mathbb{N}$.

Pour dire « n est un nombre entier naturel », on notera « $n \in \mathbb{N}$ ».

Propriété L'addition et la multiplication de deux entiers naturels donnent un entier naturel.

Exemple

$5+3=8$ est un entier naturel.

$5\times 3=15$ est un entier naturel.

✗ **Piège**

Cela ne fonctionne pas avec la soustraction ou la division.

Exemple

$2-5=-3$ n'est pas un entier naturel.

B Les entiers relatifs

Définition **Entier relatif**

Un entier relatif est un entier quelconque, positif ou négatif.

Exemple
0, 1, 2, 3 mais aussi -1, -2, -3 sont des entiers relatifs.

Définition **Ensemble des entiers relatifs**

L'ensemble des entiers relatifs est noté $\mathbb{Z}$.

Pour dire « n est un nombre entier relatif », on notera « $n \in \mathbb{Z}$ ».

Remarque
Un entier naturel est un cas particulier d'entier relatif.

Propriété L'addition, la soustraction et la multiplication de deux entiers relatifs donnent un entier relatif.

Exemple
$5+(-3)=2$ est un entier relatif.
$2-3=-1$ est un entier relatif.
$2\times(-3)=-6$ est un entier relatif.

Piège
Le quotient de deux entiers relatifs n'est pas forcément un nombre relatif.

Exemple
$\frac{5}{(-2)}=-2{,}5$ n'est pas un entier relatif.

II Les nombres décimaux

Définition **Nombre décimal**

Un nombre décimal est un nombre qui peut s'écrire avec un nombre fini de chiffres après la virgule.

Exemple
1,32 est un nombre décimal.

Remarque

On dit qu'il a une **partie décimale** finie.

En multipliant un nombre décimal un certain nombre de fois par 10, on obtient un nombre entier. Un nombre décimal peut donc toujours s'écrire sous forme d'une fraction décimale (c'est-à-dire une fraction dont le dénominateur est une puissance de 10).

Exemple

$1,32 = \frac{132}{100}$

Définition **Nombre décimal**

x est un **nombre décimal** si et seulement si il existe deux entiers relatifs k et p tels que :

$$x = \frac{k}{10^p}$$

Exemple

$\frac{3}{10}$ est un nombre décimal.

4 est un nombre décimal, car $4 = \frac{4}{1} = \frac{4}{10^0}$.

0,075 est un nombre décimal, car $0,075 = \frac{75}{1000} = \frac{75}{10^3}$.

$\frac{1}{3} = 0,3333...$ n'est pas un nombre décimal. Il a un nombre infini de chiffres après la virgule et on ne peut pas l'écrire sous forme de fraction décimale.

Piège

Ne pas confondre les puissances de 10 et les multiples de 10 :

- 10, 100, 1 000, 10 000, etc., sont des puissances de 10.
- 20, 30, 40, 50 ne sont pas des puissances de 10.

Remarque

Les nombres entiers sont des cas particuliers de nombres décimaux, leur partie décimale est nulle.

Définition **Ensemble des décimaux**

L'ensemble des nombres décimaux est noté $\mathbb{D}$.

Propriété L'addition, la soustraction et la multiplication de deux nombres décimaux donnent encore un nombre décimal.

Exemple

$\frac{5}{10} \times \frac{3}{10} = \frac{15}{100}$ est un nombre décimal.

$1{,}2 + 2{,}4 - 3{,}57 = 0{,}03$ est un nombre décimal.

✗ Piège

Le quotient de deux nombres décimaux n'est pas forcément un nombre décimal.

Exemple

$\frac{\frac{5}{10}}{\frac{3}{10}} = \frac{5}{3} = 1{,}666666...$ n'est pas un nombre décimal.

III Les nombres rationnels

Certains nombres ont un nombre infini de chiffres après la virgule : ces nombres ne sont donc pas des nombres décimaux.

Néanmoins, qu'un nombre soit décimal ou pas, si on peut l'écrire sous la forme d'un quotient de deux entiers relatifs, on dit que ce nombre est **rationnel**.

Définition **Nombre rationnel**

Un nombre x est **rationnel si et seulement si** il existe **deux entiers relatifs** p et q tels que :

$$x = \frac{p}{q} \text{ (avec } q \neq 0\text{)}$$

Exemple

$\frac{1}{3}$ est un nombre rationnel car c'est une fraction de deux entiers relatifs, 1 et 3.

$\frac{3{,}4}{5{,}2}$ est un nombre rationnel car $\frac{3{,}4}{5{,}2} = \frac{3{,}4 \times 10}{5{,}2 \times 10} = \frac{34}{52}$.

$0{,}346$ est un nombre rationnel car $0{,}346 = \frac{346}{1000}$.

-2 est un nombre rationnel car $-2 = \frac{-2}{1}$.

Les nombres décimaux sont des cas particuliers de nombres rationnels, puisque les puissances de 10 sont des entiers relatifs.

Définition **Ensemble des rationnels**

L'ensemble des nombres rationnels est noté $\mathbb{Q}$.

Propriété Un nombre rationnel peut avoir une partie décimale finie ou infinie.

Lorsqu'un nombre rationnel a une partie décimale infinie, elle est périodique, c'est-à-dire que le même enchaînement de chiffres se répète à l'infini.

Exemple

$\frac{5}{7} = 0{,}714285714285714285714285\ldots$ a un nombre infini de chiffres après la virgule, mais avec la période « 714285 » qui se répète à l'identique à l'infini.

Propriété L'addition, la soustraction, la multiplication et la division (sauf par 0) de deux nombres rationnels donnent encore un nombre rationnel.

Exemple

$\frac{1}{3}+\frac{2}{7}-\frac{5}{3}=\frac{7}{21}+\frac{6}{21}-\frac{35}{21}=-\frac{22}{21}$ est un nombre rationnel.

$\frac{1}{3}\times\frac{2}{7}=\frac{1\times 2}{3\times 7}=\frac{2}{21}$ est un nombre rationnel.

$\frac{\frac{1}{3}}{\frac{2}{7}}=\frac{1}{3}\times\frac{7}{2}=\frac{7}{6}$ est un nombre rationnel.

IV Les nombres irrationnels

Enfin, il existe des nombres dont la partie décimale est infinie et qui ne peuvent pas se mettre sous forme de quotient de deux entiers relatifs.

On dit que ces nombres sont **irrationnels**.

Définition **Nombre irrationnel**

Un nombre qui n'est **pas rationnel** est appelé un nombre **irrationnel.**

Exemple

π est un nombre irrationnel.

$\sqrt{2}$ est un nombre irrationnel.

✕ Piège

Parmi les racines carrées des nombres entiers, seules celles des carrés parfaits sont des nombres rationnels. Toutes les autres racines carrées sont irrationnelles.

Exemple

$\sqrt{3}$, $\sqrt{5}$, $\sqrt{6}$ sont des nombres irrationnels car il n'existe pas de nombre entier dont le carré est égal à 3, 5 ou 6.

Mais $\sqrt{4}$ est rationnel, car 4 est un carré parfait :

$4 = 2^2$

Donc $\sqrt{4} = 2$.

Remarque

Les nombres irrationnels ont une partie décimale qui est infinie et qui n'est pas périodique, contrairement aux nombres rationnels.

Exemple

$\sqrt{2} = 1{,}41421356237309504...$

Remarque

La période d'un nombre rationnel peut être parfois très grande. Il peut arriver que, par exemple, la calculatrice n'affiche pas de période tout simplement parce l'écran ne peut pas contenir assez de chiffres ! Pour démontrer qu'un nombre est irrationnel, il faut donc utiliser d'autres techniques.

V Les nombres réels

En regroupant l'ensemble des nombres que l'on vient de voir, on obtient l'ensemble des **nombres réels**.

On peut les représenter par des points sur un axe orienté.

De plus, à chaque point d'un axe orienté, on peut associer un unique nombre réel.

Définition **Ensemble des nombres réels**

L'ensemble des nombres réels est l'ensemble des abscisses des points d'un axe orienté que l'on appelle la « **droite des réels** ».

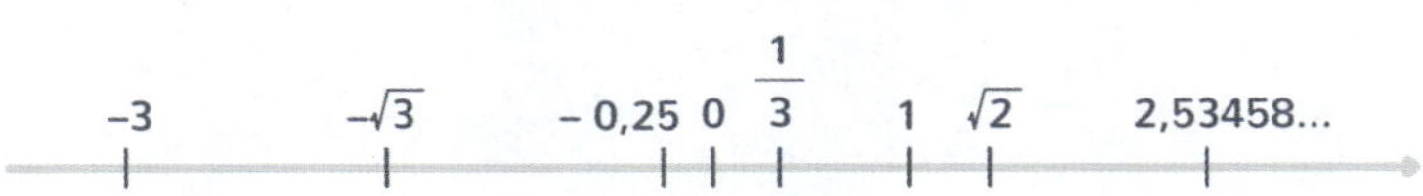

Droite des réels

VI Relation entre les ensembles

Propriété

Les ensembles de nombres sont inclus les uns dans les autres de la façon suivante :

- L'ensemble $\mathbb{N}$ des entiers naturels est inclus dans $\mathbb{Z}$.
- L'ensemble $\mathbb{Z}$ des entiers relatifs est inclus dans $\mathbb{D}$.
- L'ensemble $\mathbb{D}$ des nombres décimaux est inclus dans $\mathbb{Q}$.
- L'ensemble $\mathbb{Q}$ des nombres rationnels est inclus dans $\mathbb{R}$.

On peut écrire mathématiquement ces inclusions à l'aide du symbole $\subset$:

$$\mathbb{N} \subset \mathbb{Z} \subset \mathbb{D} \subset \mathbb{Q} \subset \mathbb{R}$$

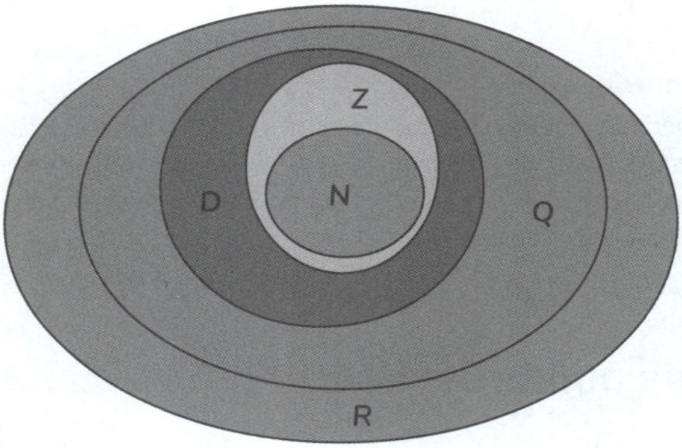

Exercices

Exercice 1

Quel est l'arrondi du nombre 1,5678 à trois chiffres significatifs ?

Exercice 2

Soit $A = \frac{20755}{9488} - \frac{3}{8}$.

1. Écrire A sous la forme d'une fraction irréductible.
2. À quels ensembles de nombres appartient A ?

Exercice 3

Pour chacun des nombres suivants, indiquer à quel(s) ensemble(s) de nombres il appartient :

$$2{,}5 \qquad \frac{8}{2} \qquad \frac{-16}{5} \qquad \sqrt{9} \qquad 2\pi$$

Exercice 4

Soient a et b deux nombres décimaux.

À quel(s) ensemble(s) appartient de façon certaine $a \times b$?

Exercice 5

Soient a et b deux nombres décimaux, avec b non nul.

À quel(s) ensemble(s) appartient de façon certaine $\frac{a}{b}$?

Chapitre 2

Droites des réels et valeur absolue

I Intervalles réels

A Introduction

On peut représenter les nombres réels par un axe gradué, appelé « droite des réels ».

On peut utiliser cet axe pour comparer des nombres réels.

Exemple

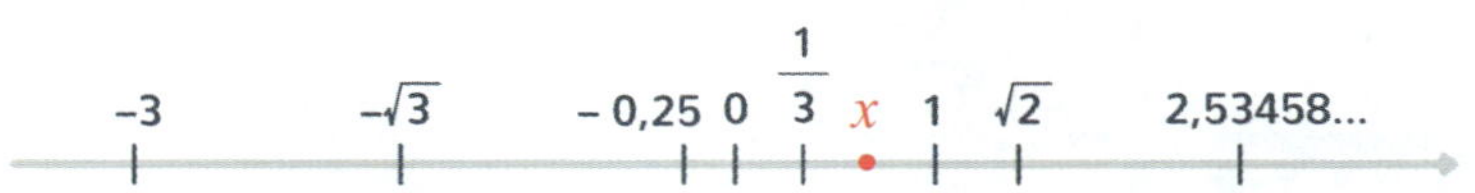

Le nombre x placé sur cet axe est plus grand que $\frac{1}{3}$ mais plus petit que 1.

On peut écrire $\frac{1}{3} \leq x \leq 1$.

Sur cette droite des réels, on peut également représenter des ensembles de nombres.

Exemple

Par exemple, ci-dessous, on représente l'ensemble de tous les nombres réels x tels que $\frac{1}{3} < x \leq 1$.

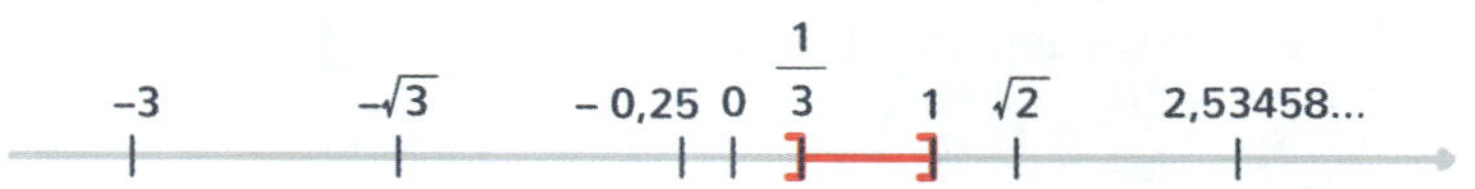

- Le trait rouge du milieu représente tous les nombres réels entre $\frac{1}{3}$ et 1.
- Le crochet en $\frac{1}{3}$ est tourné vers l'extérieur, cela veut dire que $\frac{1}{3}$ n'est pas inclus dans l'ensemble.
- Le crochet en 1 est tourné vers l'intérieur, cela veut dire que 1 est inclus dans l'ensemble.

Un tel ensemble s'appelle un intervalle.

B Définition d'un intervalle

Définition **Intervalle réel**

Un intervalle réel est l'ensemble de tous les nombres réels compris entre deux nombres réels a et b qui sont appelés les **bornes de l'intervalle**.

On le note $[a;b]$, $[a;b[$, $]a;b]$ ou $]a;b[$ selon qu'on inclut les bornes ou pas.

Exemple

L'intervalle $[4;5[$ est l'ensemble des nombres réels x tels que $4 \leq x < 5$.

Remarque

La notation avec les crochets correspond à la représentation graphique sur la droite des réels.

Remarque

Dire qu'un nombre réel x est dans un intervalle revient à donner un encadrement de x.

Exemple

Écrire $x \in [4;5[$ veut dire « $4 \leq x < 5$ ».

Définition **Bornes inférieure et supérieure**

La plus petite des deux bornes est appelée « **borne inférieure** ».

La plus grande des deux bornes est appelée « **borne supérieure** ».

Définition **Intervalles ouvert, fermé, semi-ouvert**

- Quand on inclut les deux bornes, on dit que l'intervalle est **fermé**.
- Quand on exclut les deux bornes, on dit que l'intervalle est **ouvert**.
- Quand on inclut une borne et que l'on exclut l'autre, on dit que l'intervalle est **semi-ouvert**.

Exemple

$[3;4]$ est un intervalle fermé.

$]3;4[$ est un intervalle ouvert.

$[3;4[$ est un intervalle semi-ouvert.

C Notation $+\infty$ et $-\infty$

Parfois, au lieu d'encadrer un nombre réel x entre deux nombres réels, on veut le limiter d'un seul côté. C'est le cas par exemple lorsque l'on veut parler de l'ensemble des nombres plus grands ou plus petits qu'une valeur donnée.

Exemple

On souhaite dire « $x \geq 3$ », c'est-à-dire « x plus grand que 3 », mais il n'y a pas de borne supérieure.

On peut alors tout de même utiliser la notation des intervalles en utilisant le signe « ∞ » qui veut dire « **infini** ».

Définition

- $+\infty$ représente « **plus l'infini** » : on va à l'infini dans les nombres positifs (vers la droite sur l'axe des réels).
- $-\infty$ représente « **moins l'infini** » : on va à l'infini dans les nombres négatifs (vers la gauche sur l'axe des réels).

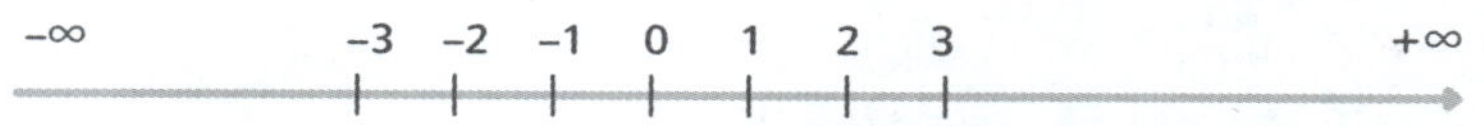

Pour exprimer $x \geq 3$, on dit alors que l'on va de 3 à « $+\infty$ ».

Cet intervalle se note $[3;+\infty[$.

Remarque

On ne peut jamais inclure $+\infty$ ou $-\infty$ dans l'intervalle, car ce n'est pas un vrai nombre. La borne $+\infty$ ou $-\infty$ est donc toujours ouverte, et le crochet toujours vers l'extérieur dans ce cas.

Exemple

- $]-\infty;4]$ correspond à $x \leq 4$.
- $]2;+\infty[$ correspond à $x > 2$.

Remarque

L'intervalle $]-\infty;+\infty[$ correspond à l'ensemble de tous les réels. Autrement dit :

$]-\infty;+\infty[= \mathbb{R}$

D Union et intersection d'intervalles

1. Intersection de deux intervalles

Définition **Intersection d'intervalles**

Soient I et J deux intervalles.

On appelle **intersection** de I et J, notée $I \cap J$, l'ensemble des nombres réels qui appartiennent à la fois à I et à J.

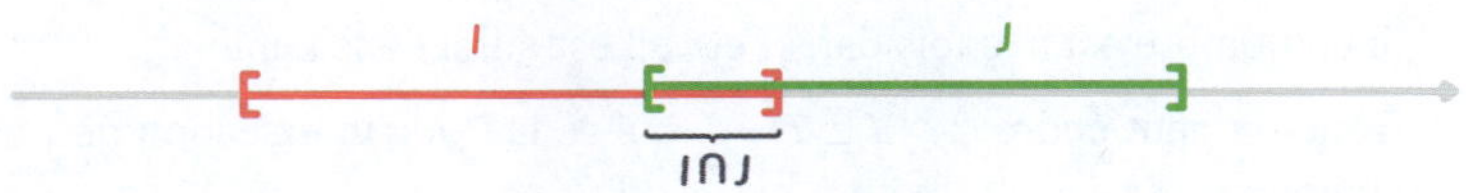

Remarque

L'intersection est aussi un intervalle, qui peut être ouvert, fermé ou semi-ouvert.

Sur la représentation ci-dessus, I et J sont deux intervalles fermés et leur intersection est aussi un intervalle fermé.

Exemple

$[2;4[\cap [3;5] = [3;4[$

4 appartient à [3;5] mais pas à [2;4[. Il n'est donc pas inclus dans l'intersection.

Exemple

$[4;5[\cap[2;3]=\varnothing$, où $\varnothing$ désigne un ensemble vide. En effet, aucun nombre n'est dans les deux intervalles à la fois.

2. Union de deux intervalles

Définition **Union d'intervalles**

Soient I et J deux intervalles.

On appelle **union** de I et J, notée $I\cup J$, l'ensemble des nombres qui sont dans I ou dans J.

Exemple

$[2;4[\cup[3;5[=[2:5[$

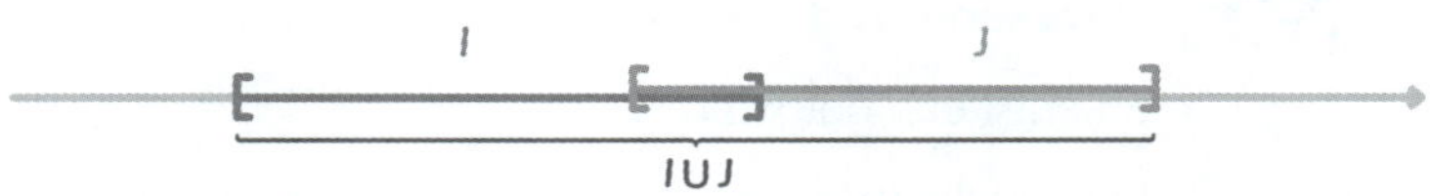

Remarque

Si un nombre est à la fois dans I et J, il est aussi dans l'union.

Donc on peut écrire $I\cap J\subset I\cup J$ qui se lit : « L'intersection de I et J est incluse dans l'union de I et J ».

Exemple

Piège

Contrairement à ce qui se passe pour l'intersection, l'union de deux intervalles n'est pas forcément un intervalle.

Par exemple, l'union des deux intervalles ci-dessous n'est pas un intervalle.

II Distance et valeur absolue

A Distance entre deux nombres réels

Définition **Distance entre deux réels**

Soient a et b deux nombres réels.

On appelle **distance de a à b**, notée $d(a;b)$, la distance entre les abscisses des points représentant a et b sur la droite des réels.

Elle se calcule en faisant la différence entre le plus grand et le plus petit des deux nombres.

Exemple

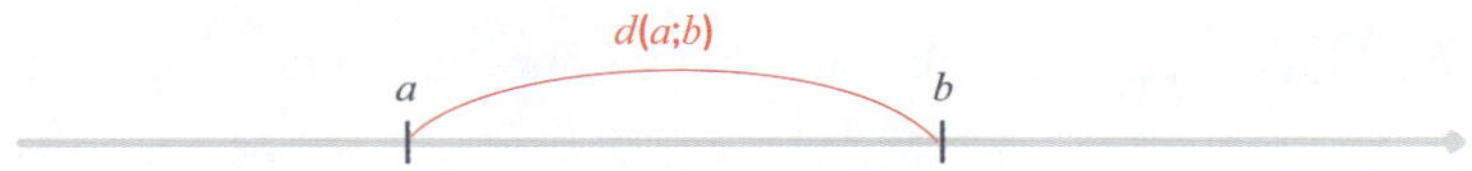

Remarque

La distance de a à b est la même que la distance de b à a.

Autrement dit : $d(a;b) = d(b;a)$.

Exemple

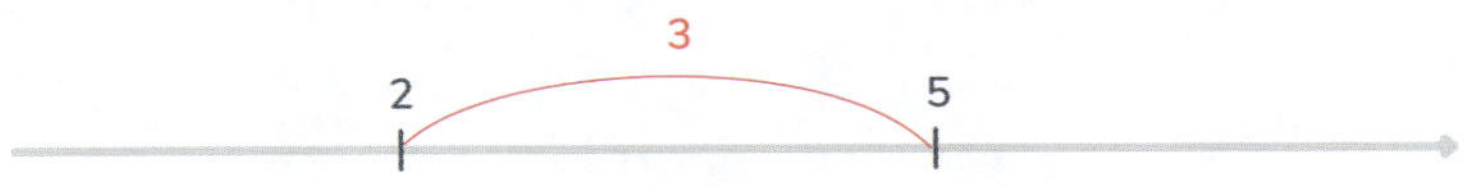

Comme 5 est plus grand que 2, la distance entre 2 et 5 est $5 - 2 = 3$.

Remarque

Pour formaliser la définition, notamment lorsqu'on ne connaît pas encore la valeur de a ou de b, on peut écrire :

$$d(a;b) = \begin{cases} b - a & \text{si } b \geq a \\ a - b & \text{si } b \leq a \end{cases}$$

Exemple

Soit x un nombre réel.

La distance entre x et 4 se formalise $d(x;4) = \begin{cases} x - 4 & \text{si } x \geq 4 \\ 4 - x & \text{si } x \leq 4 \end{cases}$.

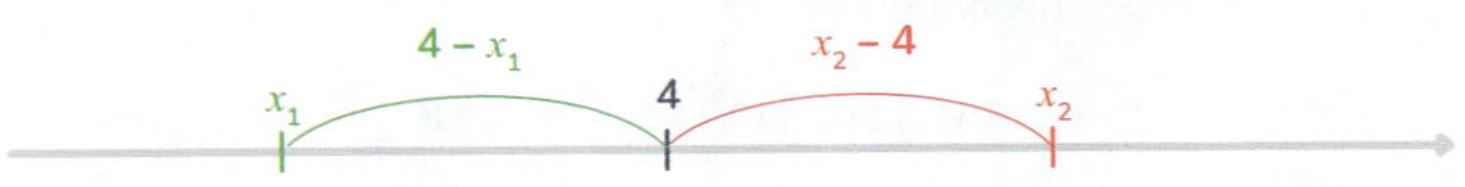

Cependant, cette manière d'écrire la distance entre deux nombres n'est pas très pratique. On va donc utiliser une notation dédiée.

B Valeur absolue

Définition **Valeur absolue**

Soit x un nombre réel.

La **valeur absolue de** x, notée $|x|$, est la distance entre x et 0.

Exemple

$|-5|$ est la distance entre -5 et 0.

Propriété La valeur absolue d'un nombre est toujours positive.

Propriété Soit x un nombre réel.

La valeur absolue de x se calcule ainsi :

$$|x| = \begin{cases} x \text{ si } x \geq 0 \\ -x \text{ si } x \leq 0 \end{cases}$$

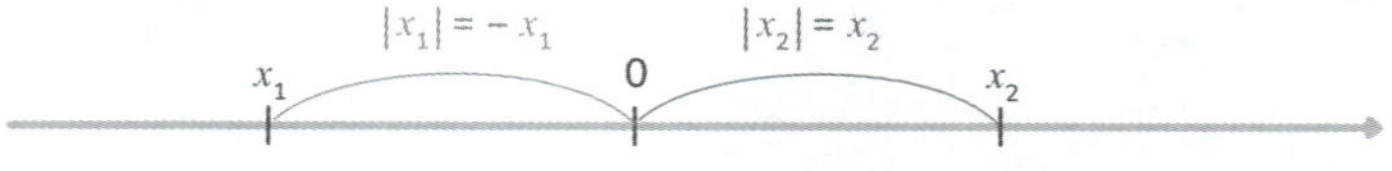

Exemple

- $|3| = 3$ car 3 est positif, donc la distance entre 3 et 0 est égale à 3.
- $|-11| = -(-11) = 11$ car -11 est négatif, mais la distance entre -11 et 0 est égale à 11.

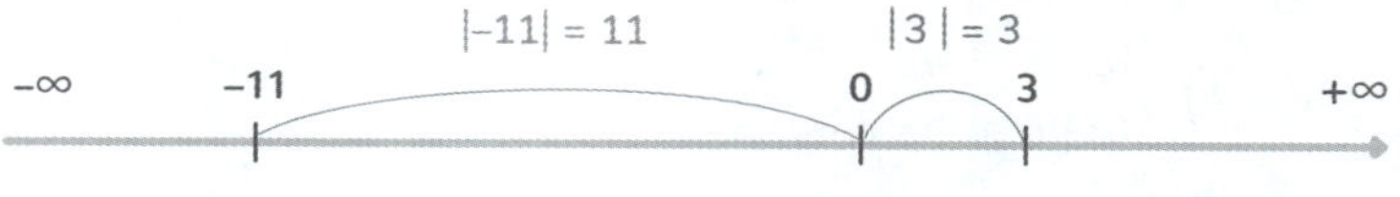

✗ Piège

La valeur absolue d'un nombre est bien toujours positive, même quand elle s'écrit $|x| = -x$, car l'opposé d'un nombre négatif est positif.

De façon plus générale, on peut utiliser la valeur absolue pour exprimer la distance entre deux nombres réels.

Propriété Soient a et b deux nombres réels.

La distance entre a et b est égale à $|b-a|$.

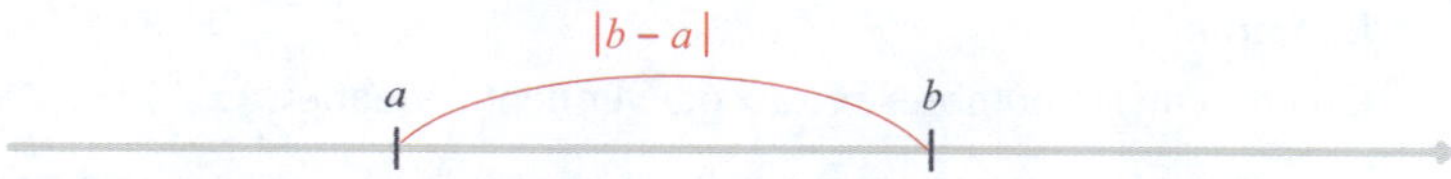

Démonstration

D'après la formule de calcul de la valeur absolue :

$$|b-a| = \begin{cases} b-a & \text{si } b-a \geq 0 \\ -(b-a) & \text{si } b-a \leq 0 \end{cases}$$

Autrement dit : $|b-a| = \begin{cases} b-a & \text{si } b \geq a \\ a-b & \text{si } b \leq a \end{cases}$

On retrouve bien la définition de la distance entre a et b.

✗ Piège

Dans le cas général, on a : $|a-b| \neq |a|-|b|$.

Exemple

On pose $a=2$ et $b=-5$.

D'une part : $|a-b| = |2-(-5)| = |2+5| = |7| = 7$.

D'autre part : $|a|-|b| = |2|-|-5| = 2-5 = -3$.

On a bien $|2-(-5)| \neq |2|-|-5|$.

III Résoudre une équation ou une inéquation avec une valeur absolue

A Équation de type $|x-a| = b$

Soient a et b des nombres réels fixés.

On considère l'équation $|x-a| = b$, où x est un nombre réel.

Comme $|x-a|$ est la distance entre x et a, les solutions de l'équation sont les nombres réels qui se situent à une distance de a égale à b.

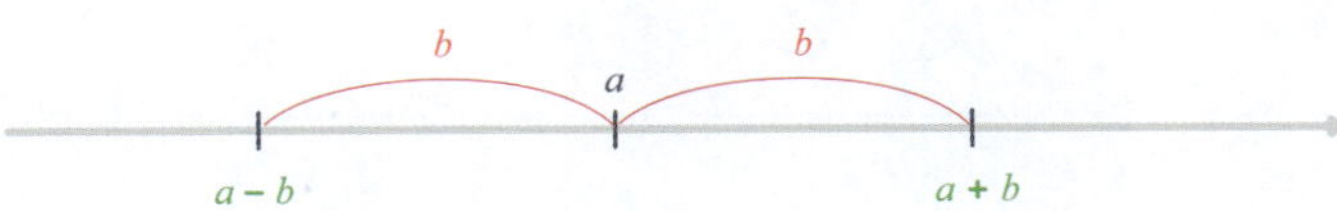

On a donc deux solutions possibles :

$x = a - b$ ou $x = a + b$

Exemple

On cherche les nombres réels x qui vérifient l'équation $|x - 2| = 3$.

$|x - 2|$ est la distance entre x et 2, on cherche donc les nombres qui sont à une distance du nombre 2 égale à 3 :

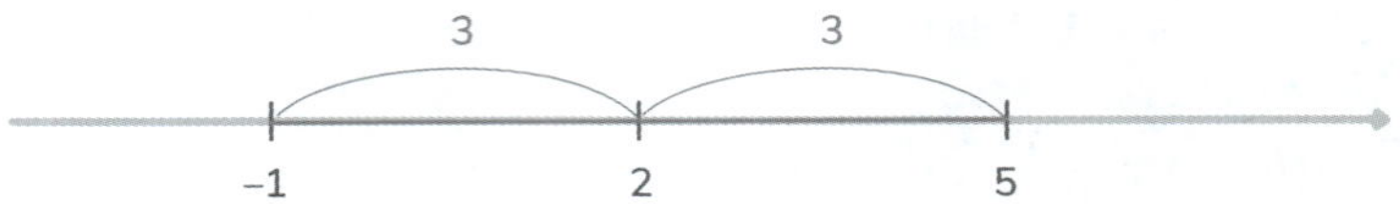

Il y a deux possibilités :

- $2 - 3 = -1$
- $2 + 3 = 5$

On a donc deux solutions : $x = -1$ et $x = 5$.

B Inéquation de type $|x - a| \leq b$

Soient a et b des nombres réels fixés.

On considère l'inéquation $|x - a| \leq b$, où x est un nombre réel.

Comme $|x - a|$ est la distance entre x et a, les solutions de l'inéquation sont les nombres réels qui se situent à une distance de a inférieure ou égale à b.

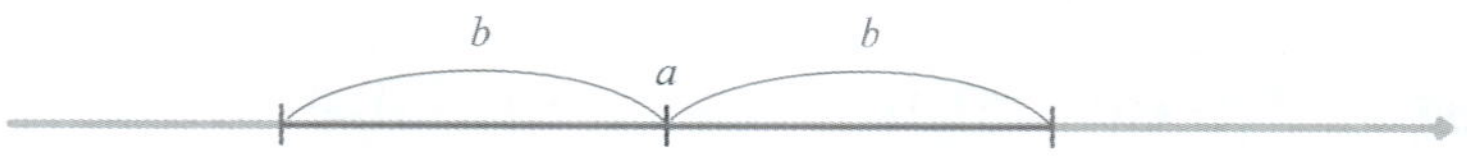

Tous les nombres de l'intervalle représenté en rouge vérifient la condition, y compris les bornes $a - b$ et $a + b$.

L'ensemble des solutions est donc l'intervalle $[a - b; a + b]$.

Exemple

On cherche les nombres réels x qui sont solutions de l'équation $|x - 2| \leq 3$.

$|x - 2|$ est la distance entre x et 2, on cherche donc les nombres situés à une distance du nombre 2 inférieure ou égale à 3.

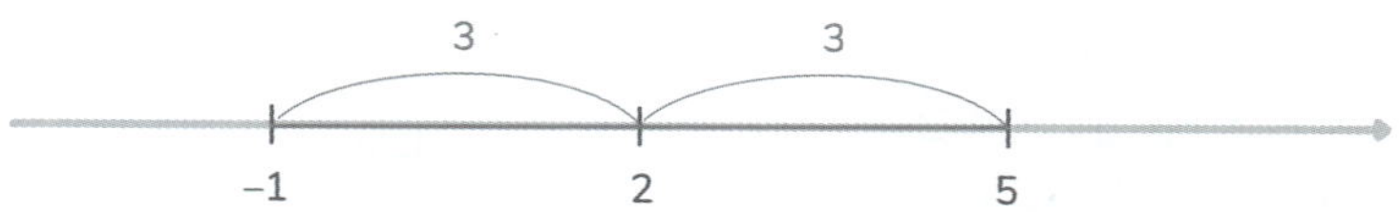

- À gauche de 2, on a $2-3=-1$.
- À droite de 2, on a $2+3=5$.
- Tous les nombres compris entre -1 et 5 vérifient l'inéquation.
- -1 et 5 la vérifient aussi.

L'ensemble des solutions est donc l'intervalle $[-1;5]$.

Remarque

On peut résoudre sur le même principe l'inéquation $|x-a|<b$. La seule différence est qu'il ne faut alors pas inclure les bornes dans l'intervalle car elles ne vérifient plus la condition.

Exemple

L'ensemble des solutions de l'inéquation $|x-2|<3$ est l'intervalle $]-1;5[$.

Exercices

Exercice 1

Le réel 5 appartient-il à $]-\infty;5]$?

Exercice 2

Le réel -3 appartient-il à $]-2;+\infty[$?

Exercice 3

Quel est l'ensemble des nombres dont la distance à 2 est strictement inférieure à 1 ?

Exercice 4

Donner l'ensemble des solutions dans $\mathbb{R}$ de l'inéquation $|x+3|<2$.

Exercice 5

Donner l'ensemble des solutions dans $\mathbb{R}$ de l'inéquation $|x-1|\leq 4$.

Chapitre 3

Calcul littéral

I Fractions

On rappelle les règles de calcul suivantes pour les fractions (programme de troisième).

A Fractions égales

Propriété Une fraction ne change pas de valeur si l'on multiplie le numérateur et le dénominateur par le même nombre non nul.

Autrement dit :

Soient a, b, et c des nombres réels, avec b et c non nuls.

$$\frac{a}{b}=\frac{a\times c}{b\times c}$$

Exemple

$$\frac{2}{5}=\frac{2\times 3}{5\times 3}=\frac{6}{15}$$

✕ Piège

Il faut bien multiplier par le même nombre en haut et en bas pour que l'égalité soit vraie.

B Addition et soustraction

Propriété Soient a, b, et c des nombres réels, avec c non nul.

$$\frac{a}{c}+\frac{b}{c}=\frac{a+b}{c} \text{ et } \frac{a}{c}-\frac{b}{c}=\frac{a-b}{c}$$

Exemple

- $\frac{2}{4}+\frac{3}{4}=\frac{2+3}{4}=\frac{5}{4}$
- $\frac{2}{4}-\frac{3}{4}=\frac{2-3}{4}=\frac{(-1)}{4}$

Piège

Pour pouvoir additionner ou soustraire deux fractions, il faut d'abord les mettre **au même dénominateur.**

Dans un calcul comportant des quotients, le trait de fraction tient lieu de parenthèses. Ce qui signifie notamment que le signe présent devant un quotient se répercute sur l'ensemble des nombres du numérateur.

$\frac{51}{11}-\frac{21-142}{11}=\frac{51-(21-142)}{11}=\frac{51-21+142}{11}$

C Multiplication

Propriété Soients a, b, c et d des nombres réels, avec c et d non nuls.

$$\frac{a}{c}\times\frac{b}{d}=\frac{a\times b}{c\times d}$$

Exemple

$\frac{5}{2}\times\frac{3}{7}=\frac{5\times 3}{2\times 7}$

On en déduit la propriété suivante :

Propriété Soients a, b, et d des nombres réels avec d non nuls.

$$a\times\frac{b}{d}=\frac{a\times b}{d}=\frac{a}{d}\times b$$

Exemple

$5\times\frac{3}{7}=\frac{5\times 3}{7}=\frac{5}{7}\times 3$

Remarque

Cette propriété s'obtient à l'aide de la propriété précédente.

En effet : $a\times\frac{b}{d}=\frac{a}{1}\times\frac{b}{d}=\frac{a\times b}{1\times d}=\frac{a\times b}{d}=\frac{a}{d}\times\frac{b}{1}=\frac{a}{d}\times b$

Remarque

Pour multiplier deux fractions, il n'est pas nécessaire de les mettre au même dénominateur.

D Division

Diviser par un nombre revient à multiplier par son inverse. Ainsi :

Propriété Soient a, b, c et d des nombres réels avec b, c et d non nuls :

$$\frac{\frac{a}{d}}{\frac{b}{c}} = \frac{a}{d} \times \frac{c}{b}$$

Exemple

$$\frac{\frac{5}{2}}{\frac{3}{7}} = \frac{5}{2} \times \frac{7}{3}$$

De même :

Propriété Soient a, b, c et d des nombres réels avec b et d non nuls :

$$\frac{\frac{a}{d}}{b} = \frac{a}{d} \times \frac{1}{b}$$

Exemple

$$\frac{\frac{5}{2}}{3} = \frac{5}{2} \times \frac{1}{3}$$

E Signe « – »

Propriété Soient a, b des nombres réels avec b non nul :

$$-\frac{a}{b} = \frac{-a}{b} = \frac{a}{-b}$$

Autrement dit, lorsqu'il y a un signe moins dans une fraction, il peut être placé indifféremment devant la fraction, au numérateur ou au dénominateur.

Remarque

Cette propriété se déduit des précédentes car :

$$-\frac{a}{b}=(-1)\times\frac{a}{b}=\frac{(-1)\times a}{b}=\frac{-a}{b}=\frac{(-a)\times(-1)}{b\times(-1)}=\frac{a}{-b}$$

Exemple

$$-\frac{1}{4}=\frac{-1}{4}=\frac{1}{-4}$$

II Puissances

A Définition

Définition **Puissance**

Soit n un entier positif non nul supérieur ou égal à 2.

On appelle « a **puissance** n », ou « a exposant n », le nombre noté a^n tel que :

$$a^n=\underbrace{a\times a\times\ldots\times a}_{n\text{ facteurs}}$$

L'entier n est appelé l'exposant.

Exemple

$2^5=2\times2\times2\times2\times2=32$

Remarque

Pour tout nombre réel a, on a :

- Par convention, $a^0=1$
- $a^1=a$

Exemple

- $13^0=1$
- $150^1=150$

B Propriétés

Propriété Soient a et b sont deux nombres réels non nuls, et n et p deux entiers relatifs.

On a les propriétés de calcul suivantes :

$a^{-n} = \dfrac{1}{a^n}$	$(a^n)^p = a^{n \times p}$
$a^n \times a^p = a^{n+p}$ $\dfrac{a^n}{a^p} = a^{n-p}$	$(ab)^p = (a \times b)^p = a^p \times b^p$ $\left(\dfrac{a}{b}\right)^p = \dfrac{a^p}{b^p}$

Exemple

$4^{-1} = \dfrac{1}{4^1} = \dfrac{1}{4}$ $5^{-2} = \dfrac{1}{5^2}$ $3^2 = \dfrac{1}{3^{-2}}$	$(3^6)^2 = 3^{12}$ $(3^6)^{(-2)} = 3^{-12}$
$3^6 \times 3^2 = 3^{6+2} = 3^8$ $3^6 \times 3^{-2} = 3^{6-2} = 3^4$ $\dfrac{2^5}{2^3} = 2^{5-3} = 2^2$ $\dfrac{2^5}{2^{(-3)}} = 2^{5-(-3)} = 2^{5+3} = 2^8$	$(2 \times 3)^4 = 2^4 \times 3^4$ $\left(\dfrac{4}{5}\right)^2 = \dfrac{4^2}{5^2} = \dfrac{16}{25}$

✕ Piège

Les propriétés valables pour la multiplication et la division ne fonctionnent pas avec l'addition et la soustraction !

Autrement dit, dans le cas général, avec n et p deux entiers relatifs :

$(a+b)^p \neq a^p + b^p$ et $(a-b)^p \neq a^p - b^p$

III Identités remarquables

On vient de voir que :

$(a+b)^2 \neq a^2+b^2$ et $(a-b)^2 \neq a^2-b^2$

Les identités remarquables suivantes permettent de développer facilement le carré d'une somme ou d'une différence.

Propriété Soient a et b deux nombres réels :

$(a+b)^2 = a^2+2ab+b^2$

$(a-b)^2 = a^2-2ab+b^2$

Demonstration

Dans le cas où a et b sont positifs, on peut démontrer ces identités remarquables en utilisant la géométrie.

Par exemple, pour $(a+b)^2 = a^2+2ab+b^2$, on peut faire la construction suivante :

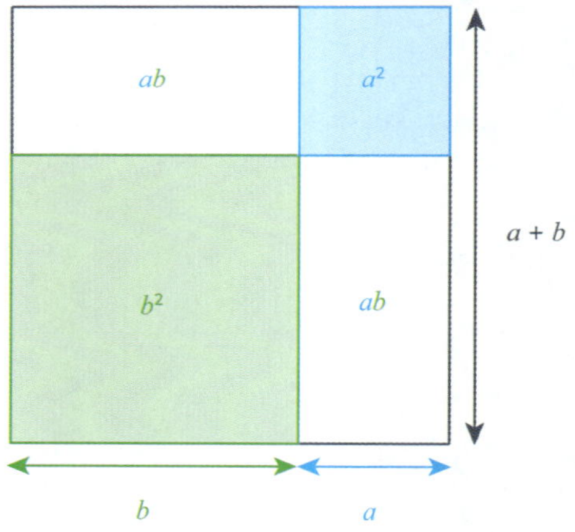

On dessine un carré de côté $a+b$.

Ce carré est constitué de deux carrés d'aires respectives a^2 et b^2, et de deux rectangles d'aire ab.

L'aire totale est donc la somme $a^2+b^2+ab+ab = a^2+b^2+2ab$.

De plus, l'aire totale peut aussi être obtenue directement en calculant $(a+b)(a+b) = (a+b)^2$.

En conclusion, $(a+b)^2 = a^2+b^2+2ab$.

On peut démontrer les autres identités remarquables de manière analogue.

De la même façon, en développant on obtient :

Propriété Soient a et b deux nombres réels :

$(a+b)(a-b) = a^2-b^2$

Remarque

On obtient ces relations facilement en développant le membre de gauche.

Néanmoins, il est important de les **retenir par cœur**, pour pouvoir reconnaître la partie de droite et factoriser.

Exemple

On cherche à factoriser $9+6x+x^2$.

On reconnaît la forme $a^2+2ab+b^2$ avec $a=3$ et $b=x$,

car $9+6x+x^2=3^2+2\times3\times x+x^2$.

Donc $9+6x+x^2=(3+x)^2$.

IV Racines carrées

A Définition

Définition **Racine carrée**

Soit a un nombre réel **positif**.

On désigne par $\sqrt{a}$ la **racine carrée** de a, qui est égale au nombre **positif** dont le carré est a :

$$\left(\sqrt{a}\right)^2=a$$

Exemple

Il existe deux nombres réels différents dont le carré est égal à 4.

En effet : $(-2)^2=2^2=4$.

De ces deux nombres, la racine carrée est toujours celui qui est positif, donc ici $\sqrt{4}=2$.

Remarque

$\sqrt{0}=0$

Propriété La racine carrée d'un nombre réel est toujours positive.

Piège

La racine carrée d'un nombre négatif n'existe pas, car un carré ne peut jamais être négatif.

Exemple

On ne peut pas écrire $\sqrt{(-5)}$, car aucun nombre réel n'a pour carré -5.

Remarque

On étudie plus en détail la fonction racine carrée dans le chapitre « Fonctions de référence ».

B Différence entre $\sqrt{a^2}$ et $(\sqrt{a})^2$

Il ne faut pas confondre $(\sqrt{a})^2$ avec $\sqrt{a^2}$:

- Pour $(\sqrt{a})^2$, on doit calculer d'abord la racine carrée de a, ce qui n'est possible que si a est positif. Puis on élève le résultat au carré. **Ce calcul n'est donc possible que si le nombre *a* est positif.**
- Pour $\sqrt{a^2}$, on élève d'abord le nombre a au carré, ce qui donne un résultat forcément positif, quel que soit le signe de a. Puis on applique la racine à ce résultat. **On peut donc faire ce calcul quel que soit le signe du nombre *a*.**

Exemple

- $\sqrt{(-5)^2} = \sqrt{25} = 5$
- Mais $(\sqrt{(-5)})^2$ n'a pas de sens car –5 est négatif, et on ne peut pas calculer la racine carrée d'un nombre négatif.

Théorème **Valeur de $\sqrt{a^2}$**

- Si $a > 0$, $\sqrt{a^2} = a$.
- Si $a < 0$, $\sqrt{a^2} = -a$ ($-a$ est effectivement positif dans ce cas).

Exemple

$\sqrt{5^2} = \sqrt{25} = 5$

$\sqrt{(-5)^2} = \sqrt{25} = 5$ donc $\sqrt{(-5)^2} = -(-5)$.

Démonstration

- Si $a > 0$, $\sqrt{a^2} = \sqrt{a} \times \sqrt{a} = (\sqrt{a})^2 = a$.
- Si $a < 0$, $\sqrt{a^2} = \sqrt{-a} \times \sqrt{-a} = (\sqrt{-a})^2 = -a$.

Remarque

Grâce à la notation « valeur absolue », pour tout nombre réel a, on peut écrire : $\sqrt{a^2} = |a|$.

(Voir le chapitre « Droite des réels et valeur absolue ».)

C Propriétés de calcul

Propriété Soient a et b deux nombres réels positifs :

$$\sqrt{ab} = \sqrt{a} \times \sqrt{b}$$

Exemple

$\sqrt{12} = \sqrt{3 \times 4} = \sqrt{3} \times \sqrt{4}$

Démonstration

Par définition de la racine carrée, on a $(\sqrt{ab})^2 = ab$.

Par ailleurs, en utilisant les propriétés des puissances, on a :

$(\sqrt{a} \times \sqrt{b})^2 = (\sqrt{a})^2 \times (\sqrt{b})^2 = a \times b$.

On a donc $(\sqrt{ab})^2 = (\sqrt{a} \times \sqrt{b})^2$.

Comme une racine carrée est toujours positive, $\sqrt{ab}$ et $\sqrt{a} \times \sqrt{b}$ sont tous les deux positifs, on a finalement : $\sqrt{ab} = \sqrt{a} \times \sqrt{b}$.

Propriété Soient a et b deux nombres réels positifs, avec $b \neq 0$:

$$\sqrt{\frac{a}{b}} = \frac{\sqrt{a}}{\sqrt{b}}$$

Exemple

$\sqrt{\frac{9}{4}} = \frac{\sqrt{9}}{\sqrt{4}} = \frac{3}{2}$

Remarque

Dans les propriétés ci-dessus, on précise que a et b doivent être positifs car sinon $\sqrt{a}$ et $\sqrt{b}$ n'existent pas.

Piège

Dans le cas général, la racine carrée d'une somme n'est pas égale à la somme des racines carrées.

$\sqrt{a+b} \neq \sqrt{a} + \sqrt{b}$

De même :

$\sqrt{a-b} \neq \sqrt{a} - \sqrt{b}$

Propriété Soient a et b des nombres réels strictement positifs.

$$\sqrt{a+b} < \sqrt{a} + \sqrt{b}$$

Démonstration

- $\sqrt{a+b}$ et $\sqrt{a}+\sqrt{b}$ sont des nombres positifs, car une racine carrée est toujours positive.
- Lorsque des nombres sont positifs, les comparer revient à comparer leurs carrés (voir le cours sur la fonction carrée dans le chapitre « Fonctions de référence »).
- D'après l'identité remarquable :
  $(\sqrt{a}+\sqrt{b})^2=(\sqrt{a})^2+2\sqrt{a}\sqrt{b}+(\sqrt{b})^2=a+b+2\sqrt{a}\sqrt{b}$

  De plus, $(\sqrt{a+b})^2=a+b$.
- Comme 2, $\sqrt{a}$ et $\sqrt{b}$ sont strictement positifs, le produit $2\sqrt{a}\sqrt{b}$ est strictement positif : $2\sqrt{a}\sqrt{b}>0$.
  Donc $a+b<a+b+2\sqrt{a}\sqrt{b}$.
  Donc $(\sqrt{a+b})^2<(\sqrt{a}+\sqrt{b})^2$.
- Finalement, $\sqrt{a+b}<\sqrt{a}+\sqrt{b}$.

Exercices

Exercice 1

1. Écrire les nombres suivants sous la forme $a\sqrt{5}$ avec $a \in \mathbb{Z}$.

   $A = 4\sqrt{20} - \sqrt{45} + 11\sqrt{5}$

   $B = 2\sqrt{180} - 4\sqrt{5}$

2. Montrer que les nombres $A \times B$ et $\frac{A}{B}$ sont des entiers.

Exercice 2

Soit $A = \frac{21 \times 10^{7} \times 14 \times 10^{-2}}{77 \times 10^{2}}$. Calculer A et mettre le résultat sous la forme d'une fraction irréductible.

Exercice 3

Soit $A = \frac{35 \times 10^{-7} \times 3 \times 10^{5}}{21 \times 10^{-3}}$.

Calculer A et mettre le résultat sous la forme $a \times 10^{n}$ où $a \in \mathbb{N}$.

Exercice 4

Développer les expressions suivantes :

$A = (2x+5)^2 + (7-x)^2$ où $x \in \mathbb{R}$

$B = 5(t-3)(t+3) + (t-3)^2$ où $t \in \mathbb{R}$

Exercice 5

Factoriser les expressions suivantes :

$A = (2x+5)^2 - (7-x)^2$ où $x \in \mathbb{R}$

$B = 5(t-3)(t+3) + (t-3)^2$ où $t \in \mathbb{R}$

Chapitre 4

Équations et inéquations

I Équations

A Principes

Définition **Équation**

Une **équation** est une égalité comportant une ou plusieurs inconnues.

Exemple

- $3x+1=0$ est une équation avec une inconnue x.
- $3x+1=2y-1$ est une équation avec deux inconnues, x et y.

1. Ensemble de résolution

Parfois, on veut ajouter des contraintes sur l'inconnue (ou les inconnues), en fonction du problème à résoudre.

Exemple

On considère un triangle ABC rectangle en A, tel que $AC=3$ et $AB=6$.

Le point M est un point du segment $[AB]$.

On appelle x la longueur AM et on cherche pour quelle(s) valeur(s) de x on obtient $CM=5$.

Dans ce problème, comme M doit se situer entre A et B, la longueur AM doit être comprise entre 0 et 6.

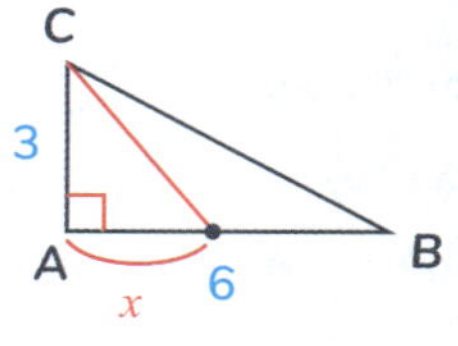

On a donc une contrainte supplémentaire qui est $0 \leq x \leq 6$, c'est-à-dire $x \in [0;6]$.

Pour résoudre le problème, on va chercher les solutions parmi les réels de l'intervalle [0;6], et on écartera les autres éventuelles solutions possibles.

[0;6] est alors l'**ensemble de résolution** de l'équation.

Définition **Ensemble de résolution**

L'ensemble de résolution de l'équation est l'ensemble dans lequel on cherche les solutions.

Remarque

En l'absence de contraintes particulières, l'ensemble de résolution sera l'ensemble des réels $\mathbb{R}$.

2. Ensemble des solutions

Définition **Ensemble des solutions**

Les **solutions** d'une équation sont les valeurs de l'inconnue (ou des inconnues) qui appartiennent à l'ensemble de résolution et pour lesquelles l'égalité est vraie.

L'**ensemble des solutions** d'une équation est l'ensemble de toutes les solutions possibles.

Exemple

Dans le problème précédent, on veut résoudre l'équation $9 + x^2 = 25$ sur [0;6], c'est-à-dire que l'ensemble de résolution est [0;6].

- $9 + 4^2 = 25$ et $4 \in [0;6]$ donc 4 est une solution de l'équation.
- $9 + 2^2 \neq 25$ donc 2 n'est pas solution de l'équation.
- $9 + (-4)^2 = 25$ mais $-4 \notin [0;6]$ donc -4 n'est pas solution de l'équation sur [0;6].

Remarque

Il est possible qu'aucune solution ne convienne, c'est-à-dire qu'aucune solution n'appartienne à l'ensemble de résolution.

3. Principe de résolution

Propriété Une égalité reste vraie si l'on ajoute, soustrait, multiplie ou divise chaque membre par le même nombre, à condition de ne pas multiplier ou diviser par 0.

Théorème Les équations obtenues en ajoutant, soustrayant, multipliant ou divisant chaque membre par le même nombre (à condition de ne pas multiplier ou diviser par 0) ont le même ensemble de solutions.

On dit qu'elles sont **équivalentes**, et on le note en plaçant une double flèche placée entre les équations.

■ Exemple

$3x+4=2$

$\Leftrightarrow 3x+4-2=2-2$

$\Leftrightarrow 3x+2=0$

On utilise ce principe pour transformer une équation jusqu'à en trouver la solution.

À la fin des transformations, on obtient :

- soit une ou plusieurs solutions, par exemple : $x=5$;
- soit une égalité toujours vraie, par exemple : $0=0$. Dans ce cas, tous les nombres de l'ensemble de résolution sont solutions ;
- soit une égalité toujours fausse, par exemple : $5=0$. Dans ce cas, il n'y a pas de solution.

B Les équations du premier degré

Une **équation du premier degré à une inconnue** est une équation à une seule inconnue qui peut se ramener à la forme : $ax+b=0$, où a et b sont des nombres réels fixés, avec a non nul.

La technique est alors d'**isoler** x d'un côté, par transformations successives.

■ Exemple

On veut résoudre dans $\mathbb{R}$ l'équation $3x+4-x+10=5(x-2)$.

- **Étape 1 Ensemble de résolution**

  On se place dans $\mathbb{R}$, qui est l'ensemble de résolution.

  « Soit $x \in \mathbb{R}$. »

- **Étape 2 Simplification**

  On simplifie les expressions au maximum, en développant et en réduisant :

  $3x+4-x+10=5(x-2)$

  $\Leftrightarrow 2x+14=5x-10$

- **Étape 3 Transformation**

On effectue des opérations identiques à droite et à gauche pour isoler l'inconnue, en réduisant au fur et à mesure :

$2x+14=5x-10$

$\Leftrightarrow 2x+14+10=5x-10+10$

$\Leftrightarrow 2x+24=5x$

$\Leftrightarrow 2x+24-2x=5x-2x$

$\Leftrightarrow 24=3x$

$\Leftrightarrow \frac{\mathbf{24}}{3}=\frac{\mathbf{3x}}{3}$

$\Leftrightarrow 8=x$

- **Étape 4 Conclusion**

On obtient une unique solution possible : $x=8$.

C Les équations produit

Théorème Un produit de facteurs est nul si et seulement si au moins un des facteurs est nul.

Autrement dit, pour tous A et B réels : $A\times B=0 \Leftrightarrow A=0$ ou $B=0$.

Exemple

$(3x+2)(4x-5)=0 \Leftrightarrow 3x+2=0$ ou $4x-5=0 \Leftrightarrow x=-\frac{2}{3}$ ou $x=\frac{5}{4}$

Donc l'ensemble S des solutions de l'équation est $S=\left\{-\frac{2}{3};\ \frac{5}{4}\right\}$.

Astuce

Lorsqu'une équation n'est pas du premier degré, on peut essayer de s'y ramener en regroupant tous les termes dans un même membre, puis en factorisant de manière à obtenir un produit de facteurs du premier degré égal à 0.

- **Exemple**

On veut résoudre dans $\mathbb{R}$ l'équation $x^2 - 2x = x$.
On se place dans l'intervalle de résolution :
« Soit $x \in \mathbb{R}$. »
On regroupe tous les termes du même côté du signe égal :

$x^2 - 2x = x$

$\Leftrightarrow x^2 - 2x - x = 0$

$\Leftrightarrow x^2 - 3x = 0$

On factorise l'expression obtenue :

$x^2 - 3x = 0$

$\Leftrightarrow x(x-3) = 0$

On obtient un produit de facteurs au membre de droite, et on peut appliquer la règle suivante :
« Un produit de facteur est nul si et seulement si au moins un des facteurs est nul. »

$x(x-3) = 0$

$\Leftrightarrow x = 0$ ou $x - 3 = 0$

$\Leftrightarrow x = 0$ ou $x = 3$

On conclut :
« L'équation admet deux solutions, $x = 0$ et $x = 3$. »

Remarque

Il existe des équations du second degré que vous ne savez pas factoriser facilement, mais vous les aborderez en classe de première.

D Les équations quotient

Théorème **Quotient nul**

Un quotient est nul si et seulement si :

- son numérateur est nul ;
- son dénominateur est non nul.

Remarque

Dans une expression littérale comportant un quotient, les valeurs qui annulent le dénominateur sont appelées « **valeurs interdites** ».

Cela ajoute une contrainte sur l'ensemble de résolution.

Exemple

On veut résoudre l'équation : $\dfrac{(3x+2)}{(4x-5)}=0$.

- **Étape 1 Valeurs interdites**

  $4x-5=0 \Leftrightarrow 4x=5 \Leftrightarrow x=\dfrac{5}{4}$, donc il y a une unique valeur interdite qui est $\dfrac{5}{4}$.

  L'ensemble de résolution est donc $\mathbb{R}\setminus\left\{\dfrac{5}{4}\right\}$ (lire « $\mathbb{R}$ privé de $\dfrac{5}{4}$ »).

- **Étape 2 Annulation du numérateur**

  $3x+2=0 \Leftrightarrow 3x=-2 \Leftrightarrow x=-\dfrac{2}{3}$, donc le numérateur est nul si et seulement si $x=-\dfrac{2}{3}$.

- **Étape 3 Conclusion**

  $-\dfrac{2}{3}$ est le seul nombre réel qui annule le numérateur.

  $-\dfrac{2}{3}\neq\dfrac{5}{4}$ donc $-\dfrac{2}{3}$ n'annule pas le dénominateur. Il est bien dans l'ensemble de résolution.

  L'ensemble S des solutions de l'équation est donc : $S=\left\{-\dfrac{2}{3}\right\}$.

À retenir

Avant de conclure, il faut bien vérifier que les solutions trouvées ne correspondent pas à un dénominateur égal à 0.

II Inéquations

A Définitions

Définition **Inéquation**

Une inéquation est une inégalité comportant une ou plusieurs inconnues.

Définition **Ensemble des solutions d'une inéquation**

Les solutions d'une inéquation sont les valeurs de l'inconnue (ou des inconnues) pour lesquelles l'inégalité est vraie.

L'ensemble des solutions d'une inéquation est l'ensemble de toutes les solutions possibles.

B Règles générales

Comme les équations, une inéquation peut présenter des valeurs interdites. De la même façon, elle a un ensemble de résolution et un ensemble de solutions (qui peut être vide), avec les mêmes définitions que pour les équations.

1. Addition et soustraction par un nombre

On peut manipuler les inéquations comme les équations en ce qui concerne l'addition et la soustraction.

Théorème On ne change pas les solutions d'une inéquation en ajoutant ou en soustrayant le même nombre à chaque membre.

Exemple

Pour tout $x \in \mathbb{R}$,

$3x+4 \leq 2$

$\Leftrightarrow 3x+4-2 \leq 2-2$.

$\Leftrightarrow 3x+2 \leq 0$

2. Multiplication et division par un nombre

En revanche, il faut faire attention si l'on multiplie ou si l'on divise.

Théorème Lorsqu'on multiplie ou divise les deux membres d'une inégalité par un même nombre :

- si ce nombre est strictement positif, on ne change pas le sens de l'inégalité ;
- s'il est strictement négatif, on change le sens de l'inégalité.

Exemple

Soit $x \in R$.

- $2 > 0$ donc $3x+4 \leq 2 \Leftrightarrow (3x+4)\times 2 \leq 2\times 2$
- $(-3) < 0$ donc $3x+4 \leq 2 \Leftrightarrow (3x+4)\times(-3) \geq 2\times(-3)$

Remarque

Les propriétés d'addition, soustraction, multiplication et division par un nombre sont en relation avec le sens de variation des fonctions affines.

En effet, multiplier par un nombre donné a et ajouter un nombre donné b revient à appliquer la fonction affine d'expression $f(x) = ax + b$ à chaque membre de l'inégalité.

Or :

on ne change pas le sens d'une inégalité quand on applique une fonction **croissante**, ce qui est le cas pour f si et seulement si son coefficient directeur a est positif.

on change le sens d'une inégalité quand on applique une fonction **décroissante**, ce qui est le cas pour f si et seulement si son coefficient directeur a est négatif.

On retrouve bien le fait que le sens de l'inégalité dépend uniquement du signe du coefficient par lequel on multiplie ou divise, et ne dépend pas de ce que l'on ajoute ou retranche.

Exemple

On a exécuté une suite d'opérations sur des inégalités :

$x < 2 \Leftrightarrow \frac{x}{3} - 4 < \frac{2}{3} - 4$

On a divisé par 3 et soustrait 4. Comme 3 est positif, on n'a pas changé le sens de l'inégalité.

Cela revient à appliquer la fonction affine d'expression $f(x) = \frac{1}{3}x - 4$, de coefficient directeur $\frac{1}{3}$, qui est croissante car son coefficient directeur est positif.

3. Addition de deux inégalités entre elles

Si deux inégalités sont vraies et de même sens, on peut les ajouter membre à membre pour obtenir une troisième inégalité vraie également :

Théorème Soient a, b, c et d des réels.

Si $a < b$ et $c < d$, **alors** $a + c < b + d$.

Exemple

Soit $x \in \mathbb{R}$.

Si $x < 3$ et $y < 5$ **alors** $x + y < 3 + 5$.

Pièges

- À ne pas confondre avec le fait d'ajouter le même nombre à chaque membre.
  Ici, on ajoute membre à membre, et ce n'est pas une équivalence : on ne peut pas revenir en arrière.
- Cela ne marche pas avec la soustraction.

C Inéquations du premier degré

Pour résoudre une inéquation du premier degré à une inconnue, on peut utiliser la même méthode que pour une équation du premier degré.

La technique est d'**isoler l'inconnue *x*** dans un des deux membres, par transformations successives.

Exemple

On veut résoudre dans $\mathbb{R}$ l'inéquation $3x+4\leq 2+x-1$.

On se place dans $\mathbb{R}$, qui est l'ensemble où l'on cherche les solutions :

« Soit $x\in\mathbb{R}$. »

On simplifie les expressions au maximum, en développant et en réduisant :

$3x+4\leq 2+x-1$

$\Leftrightarrow 3x+4\leq 1+x$

On effectue des opérations identiques à droite et à gauche pour isoler l'inconnue, en réduisant au fur et à mesure, en faisant bien attention au sens de l'inégalité lorsque l'on multiplie ou divise :

$3x+4\leq 2+x-1$

$\Leftrightarrow 3x+4-4\leq 1+x-4$ car on soustrait

$\Leftrightarrow 3x\leq x-3$

$\Leftrightarrow 3x-x\leq x-3-x$ car on soustrait

$\Leftrightarrow \frac{\mathbf{2x}}{2}\leq\frac{\mathbf{-3}}{2}$ car on divise par un nombre positif

$\Leftrightarrow x\leq\frac{-3}{2}$

Les solutions de l'inéquation sont les nombres réels x tels que $x\leq\frac{-3}{2}$.

L'ensemble des solutions de l'inéquation est donc l'intervalle $\left]-\infty;-\frac{3}{2}\right]$.

D Inéquations produit ou quotient

Pour résoudre une inéquation qui n'est pas du premier degré, on peut :

- rassembler tous les termes dans un membre, pour se ramener à une inéquation où l'un des membres est égal à 0 ;
- factoriser et mettre au même dénominateur si besoin ;
- déterminer le signe de chaque facteur et utiliser un tableau de signes pour faire le bilan.

1. Signe d'un produit

On rappelle les propriétés suivantes :

Propriété Soient A et B deux nombres réels.

- Si A et B sont de même signe, alors le produit $A \times B$ est positif.
- Si A et B sont de signes différents, alors le produit $A \times B$ est négatif.

Propriété Le tableau suivant donne le signe du produit $A \times B$, en fonction des signes de A et de B :

A	+	+	−	−
B	+	−	+	−
$A \times B$	+	−	−	+

Remarque

Si le produit comporte plus de deux facteurs, on compte le nombre de facteurs négatifs :

- si il y a un nombre **impair** de facteurs **négatifs**, le **produit est négatif** ;
- si il y a un nombre **pair** de facteurs **négatifs**, le **produit est positif**.

Exemple

A	+	+	−	−
B	+	−	+	−
C	−	−	−	−
$A \times B \times C$	−	+	+	−

2. Inéquation produit

Dans le cas où l'inconnue ne figure pas au dénominateur d'un quotient, on se ramène à un produit de facteurs.

Exemple

Pour tout $x \in \mathbb{R}$:

$(3x-4)^2 \leq 3x-4$

$\Leftrightarrow (3x-4)^2 - (3x-4) \leq 0$

$\Leftrightarrow (3x-4)[3x-4-1] \leq 0$

$\Leftrightarrow (3x-4)(3x-5) \leq 0$

On cherche alors le signe de chaque facteur, pour dresser un tableau de signes.

Exemple

On se propose de résoudre dans $\mathbb{R}$ l'inéquation $(3x-12)^2 \leq (-2x+7)^2$.

- **Étape 1 Rassemblement dans un même membre**

  On rassemble tous les termes du même côté.

  Pour tout $x \in \mathbb{R}$:

  $(3x-12)^2 \leq (-2x+7)^2$

  $\Leftrightarrow (3x-12)^2 - (-2x+7)^2 \leq 0$

- **Étape 2 Factorisation**

  Dans cet exemple, on utilise l'identité remarquable $a^2 - b^2 = (a+b)(a-b)$:

  $(3x-12)^2 - (-2x+7)^2 = (3x-12-2x+7)(3x-12+2x-7) = (x-5)(5x-19)$

- **Étape 3 Signe de chaque facteur**

  On détermine le signe de chaque facteur.

  – $x-5=0 \Leftrightarrow x=5$

  De plus, comme le coefficient directeur, 1, est positif, l'expression est d'abord négative puis positive.

  – $5x-19=0 \Leftrightarrow x=\dfrac{19}{5}$

  De plus, comme le coefficient directeur, 5, est positif, l'expression est d'abord négative puis positive.

- **Étape 4 Tableau de signes**

  On dresse un tableau de signes, en utilisant les règles concernant le signe d'un produit.

		$\frac{19}{5}$		5	
$x-5$	–		–	0	+
$5x-19$	–	0	+		+
$(x-5)(5x-19)$	+	0	–	0	+

  Remarque : Lorsque l'un des facteurs est nul, le produit est nul, donc on a reporté les 0 sur la dernière ligne.

- **Étape 5 Conclusion**

  On lit sur la dernière ligne l'ensemble solution de l'inéquation.

  Ici, on voit que le produit est strictement négatif entre $\dfrac{19}{5}$ et 5, et nul pour $\dfrac{19}{5}$ et 5.

  L'ensemble des solutions de l'inéquation est donc : $\boldsymbol{S=\left[\dfrac{19}{5};5\right]}$.

3. Inéquation quotient

Dans le cas où l'inéquation contient un quotient avec l'inconnue au dénominateur, il faut d'abord identifier les valeurs interdites : ce sont celles qui annulent le dénominateur.

Ensuite, on utilise la même méthode que pour les inéquations produit, mais lorsque l'on fait le bilan dans le tableau de signes, on note d'une double barre les valeurs interdites.

Exemple

On cherche à résoudre l'inéquation $4x-5 \leq \dfrac{10}{3x-2}$.

- **Étape 1 Valeurs interdites**

  On a un quotient avec l'inconnue au dénominateur.

  Or, le dénominateur ne doit jamais être nul, il faut donc vérifier qu'on a toujours $3x-2 \neq 0$.

  $3x-2=0 \Leftrightarrow x=\dfrac{2}{3}$

  Donc on a une valeur interdite qui est $\dfrac{2}{3}$.

  L'ensemble de résolution de l'inéquation est $\mathbb{R} \setminus \left\{\dfrac{2}{3}\right\}$.

  Il faudra bien vérifier qu'on exclut les valeurs interdites de l'ensemble solution.

  On rassemble tous les termes du même côté :

  Pour tout $x \in \mathbb{R} \setminus \left\{\dfrac{2}{3}\right\}$:

  $$4x-5 \leq \frac{10}{3x-2}$$
  $$\Leftrightarrow 4x-5-\frac{10}{3x-2} \leq 0$$

- **Étape 2 Réduction au même dénominateur**

  On réduit au même dénominateur, et on factorise :

  $$4x-5-\frac{10}{3x-2} \leq 0$$
  $$\Leftrightarrow \frac{(4x-5)\times(3x-2)}{3x-2}-\frac{10}{3x-2} \leq 0$$
  $$\Leftrightarrow \frac{(4x-5)\times(3x-2)-10}{3x-2} \leq 0$$
  $$\Leftrightarrow \frac{12x^2-15x-8x+10-10}{3x-2} \leq 0$$
  $$\Leftrightarrow \frac{12x^2-23x}{3x-2} \leq 0$$
  $$\Leftrightarrow \frac{x(12x-23)}{3x-2} \leq 0$$

- **Étape 3 Signe de chaque facteur**

On détermine le signe de chaque facteur, au numérateur et au dénominateur :

Le signe de x est évident.

$12x-23=0 \Leftrightarrow x=\frac{23}{12}$ et comme le coefficient directeur, 12, est positif, l'expression est d'abord négative puis positive.

$3x-2=0 \Leftrightarrow x=\frac{2}{3}$ et comme le coefficient directeur, 3, est positif, l'expression est d'abord négative puis positive.

- **Étape 4 Tableau de signes**

		0		$\frac{2}{3}$		$\frac{23}{12}$	
x	–	0	+		+		+
$12x-23$	–		–		–	0	+
$3x-2$	–		–	0	+		+
$\frac{x(12x-23)}{3x-2}$	–	0	+	‖	–	0	+

Remarque : On a bien indiqué par la double barre que, quand le dénominateur était nul, c'était une valeur interdite.

- **Étape 5 On lit sur la dernière ligne l'ensemble solution de l'inéquation.**

L'ensemble des solutions de l'inéquation est $S = \left]-\infty;0\right] \cup \left]\frac{2}{3};\frac{23}{12}\right]$.

Exercices

Exercice 1

Quelle est l'ensemble des solutions de l'inéquation suivante dans $\mathbb{R}$?

$$(2x+1)(x-3) \geq 0$$

Exercice 2

Quelle est l'ensemble des solutions de l'inéquation suivante dans $\mathbb{R}$?

$$(x-4)(1-3x) < 0$$

Exercice 3

Quelle est l'ensemble des solutions de l'inéquation suivante dans $\mathbb{R}$?

$$(x-4)(2x-1) \leq 0$$

Exercice 4

Quelle est l'ensemble des solutions de l'équation suivante dans $\mathbb{R}$?

$$\frac{(x+1)(x+3)}{(2x+1)} = 0$$

Exercice 5

Quelle est l'ensemble des solutions de l'équation suivante dans $\mathbb{R}$?

$$\frac{(2x-2)}{(x-1)} = 0$$

Chapitre 5

Arithmétique

I Multiple et diviseur

A Multiple

Définition **Multiple**

Soient a et b deux entiers relatifs.

a est un **multiple** de b si et seulement si on peut obtenir a en multipliant b par un autre entier relatif.

Autrement dit :

a est un multiple de b si et seulement s'il existe un entier relatif k tel que $a = kb$.

Exemple

- $6 = 2 \times 3$ donc 6 est un multiple de 2 et de 3.
- $4 = -4 \times 1$ donc 4 est un multiple de –4 et de –1.
- –8, 4, 8, 12, 16 sont tous des multiples de 2.

Remarques

- Tout entier relatif est un multiple de 1 et de lui-même.
  En effet, si a est un entier relatif, on peut écrire : $a = 1 \times a$.
- 0 est un multiple de tout entier relatif.
  En effet, si a est un entier relatif, on peut écrire : $0 = 0 \times a$.

Propriété Soit a un nombre entier relatif.

La somme de deux multiples de a est un multiple de a.

Démonstration

Soit a un entier relatif.

Si b est un entier relatif multiple de a, par définition il existe un entier relatif k tel que $b = ka$.

De même, si c est un entier relatif multiple de a, alors il existe un entier relatif k' tel que $c = k'a$.

On a donc : $b + c = ka + k'a = (k + k')a$.

Or, $k + k'$ est un entier relatif, car la somme de deux entiers relatifs est toujours un entier relatif.

Donc la somme $b + c$ peut s'écrire comme le produit de a par un entier relatif. Autrement dit, $b + c$ est un multiple de a.

Exemples

- 6 est un multiple de 3 et 9 est aussi un multiple de 3.
- La somme $9 + 6 = 15$ est également un multiple de 3.
- –33 et 102 sont deux multiples de 3, donc la somme $-33 + 102 = 69$ est aussi un multiple de 3.

B Diviseur

Soient a et b deux entiers relatifs.

a est un **diviseur** de b si et seulement s'il existe un entier relatif k tel que $b = ka$.

On dit aussi que a divise b.

Exemple

- $6 = 2 \times 3$ donc 2 et 3 sont des diviseurs de 6.
- $-4 = -4 \times 1$ donc 1 et –4 sont des diviseurs de 4.
- $30 = 2 \times 3 \times 5$ donc 2, 3 et 5 sont des diviseurs de 30.

Remarque

Soient a et b sont deux entiers relatifs, avec a non nul.

a est un diviseur de b si et seulement si le quotient $\frac{b}{a}$ est un nombre entier relatif.

Propriété Soient a et b deux entiers relatifs.

a est un multiple de b si et seulement si b est un diviseur de a.

Exemple

$6 = 2 \times 3$

6 est un multiple de 3 et 3 est un diviseur de 6.

Remarque

Tout entier relatif admet comme diviseurs 1 et lui-même.

En effet, si a est un entier relatif, on peut écrire : $a = a \times 1$.

C Nombres pairs

Définition **Nombre pair**

On dit qu'un entier relatif est **pair** si et seulement si c'est un multiple de 2.

Propriété Un entier relatif n est pair si et seulement s'il existe un entier relatif k tel que $n = 2k$.

Propriété Le carré d'un nombre pair est pair.

Démonstration

Soit n un entier relatif pair.
Alors il existe un entier relatif k tel que $n = 2k$.
On a donc $n^2 = (2k)^2 = 2^2 k^2 = 2 \times 2k^2$.
Or, $2k^2$ est un nombre entier relatif.
Donc n^2 est le produit d'un nombre entier relatif par 2, donc n^2 est pair.

D Nombres impairs

Définition **Nombre impair**

On dit qu'un entier relatif est **impair** si et seulement si ce n'est pas un multiple de 2.

Propriété Un entier relatif n est impair si et seulement s'il existe un entier relatif k tel que :

$$n = 2k + 1$$

Propriété Le carré d'un nombre impair est impair.

Démonstration

Soit n un entier relatif impair.
Il existe un entier relatif k tel que $n = 2k + 1$.
On a donc $n^2 = (2k+1)^2$.
On développe cette expression en utilisant les identités remarquables :
$n^2 = (2k+1)^2 = (2k)^2 + 2 \times 2k + 1 = 4k^2 + 4k + 1$
Dans les deux premiers termes de cette somme, on peut mettre 2 en facteur et on obtient :
$n^2 = 2(2k^2 + 2k) + 1$

Or, $2k^2 + 2k$ est un nombre entier relatif. En posant $q = 2k^2 + 2k$, on obtient $n^2 = 2q + 1$ où q est un entier relatif.
Donc n^2 est impair.

II Nombres premiers

Dans cette section, tous les nombres considérés sont des entiers naturels. Autrement dit, on ne considère que des entiers positifs.

Définition **Nombre premier**

Un **nombre premier** est un entier naturel différent de 1 qui n'a pas d'autres diviseurs que 1 et lui-même.

Exemples

3 est premier car il n'est divisible que par 1 et par lui-même.

6 n'est pas premier car il est divisible par 1, 2, 3 et 6.

Remarque

La liste des nombres premiers commence par les nombres suivants : 2, 3, 5, 7, 11, 13, 17, 19.

Propriété Pour déterminer si un nombre n est premier ou non, il suffit de tester la division de n par les entiers (différents de 1) plus petits que $\sqrt{n}$.

Démonstration

En effet, soit n un entier relatif non nul et d un diviseur de n. Deux cas sont possibles :

- **Cas 1**

  $d \leq \sqrt{n}$

  Dans ce cas, la propriété est déjà vérifiée.

- **Cas 2**

  $d > \sqrt{n}$

  Dans ce cas, il existe un entier relatif d' tel que $n = d \times d'$. Ainsi, d' est aussi un diviseur de n.

  Or, $d' = \dfrac{n}{d} = n \times \dfrac{1}{d}$ et comme $d > \sqrt{n} > 0$, $\dfrac{1}{d} < \dfrac{1}{\sqrt{n}}$.

  On a donc $n \times \dfrac{1}{d} < n \times \dfrac{1}{\sqrt{n}}$.

  De plus, $n \times \dfrac{1}{\sqrt{n}} = \dfrac{\sqrt{n} \times \sqrt{n}}{\sqrt{n}} = \sqrt{n}$.

  Donc $d' < \sqrt{n}$.

  Dans tous les cas, on a obligatoirement un diviseur de n inférieur ou égal à $\sqrt{n}$.

  Dans tous les cas, si le nombre n est non premier, il a un diviseur inférieur à $\sqrt{n}$.

Exercices

Exercice 1

Donner une décomposition de 96 en produit de facteurs premiers.

Exercice 2

Donner une décomposition de 38 en produit de facteurs premiers.

Exercice 3

Donner une décomposition de 315 en produit de facteurs premiers.

Exercice 4

Donner une décomposition de 110 en produit de facteurs premiers.

Exercice 5

Donner une décomposition de 111 en produit de facteurs premiers.

THÈME 2

FONCTIONS

Chapitre 6

Généralités sur les fonctions

I Définitions

A Fonction

Définition **Fonction**

On appelle **fonction numérique**, ou simplement **fonction**, un procédé qui, à un nombre *x* d'un ensemble donné, associe un unique nombre *y*.

Définition **Image**

On appelle « **image** de *x* par la fonction *f* » le nombre renvoyé par *f* quand on a pour point de départ le nombre *x*, c'est-à-dire $f(x)$.

Définition **Antécédent**

On appelle « **antécédent** d'un nombre *y* par la fonction *f* » tout nombre dont l'image par *f* est *y*.

Exemple

On peut définir une fonction sur l'ensemble des nombres 1, 3 et 4 avec les associations suivantes :

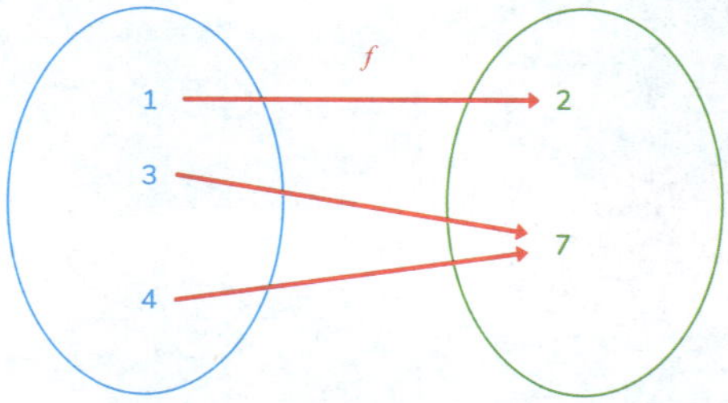

1 a une seule image par *f* qui est 2 : $f(1)=2$.

7 a deux antécédents par *f* qui sont 3 et 4 : $f(3)=f(4)=7$.

Remarque

- Un nombre ne peut avoir qu'une seule image par fonction.
- Mais un nombre peut avoir plusieurs antécédents.

B Expression d'une fonction

En pratique, plutôt que d'associer les nombres un par un, on va généralement donner une expression qui indiquera comment calculer l'image d'un nombre *x* donné.

Exemple

Soit *f* la fonction qui à tout *x* réel non nul associe le réel $x+2+\frac{1}{x}$.

On note : $f(x)=x+2+\frac{1}{x}$.

Pour calculer l'image d'un nombre réel *x* par la fonction *f*, on doit donc faire le calcul $x+2+\frac{1}{x}$, en remplaçant *x* par sa valeur.

Par exemple, l'image de 3 par *f* s'obtient en remplaçant *x* par 3 **partout** dans l'expression et en effectuant le calcul : $f(3)=3+2+\frac{1}{3}$.

On conclut que l'image de 3 par *f* est $\frac{16}{3}$.

Remarque

Les **fonctions affines** sont des fonctions qui ont une expression de la forme : $f(x)=ax+b$, où a et b sont des nombres réels fixés.

II Domaine de définition

Dans certains cas, on ne peut pas appliquer la fonction à tous les nombres réels, car cela donne lieu à des opérations impossibles à exécuter.

Exemple

Soit *f* la fonction telle que $f(x)=\frac{1}{x}$.

On ne peut pas diviser par 0, donc on ne peut pas calculer $\frac{1}{0}$. Le nombre 0 n'a donc pas d'image par la fonction *f*.

Définition **Valeur interdite**

On appelle **valeur interdite** d'une fonction f un nombre réel dont on ne peut pas calculer l'image par f.

Exemple

Dans l'exemple précédent, 0 est une valeur interdite.

Définition **Domaine de définition**

Le domaine de définition (ou ensemble de définition) d'une fonction f, noté D_f, est l'ensemble des nombres x auxquels on peut associer une image par f.

Exemple

- La fonction f d'expression $f(x) = 3x^2 + 1$ est définie sur $\mathbb{R}$ car on peut calculer le nombre $3x^2 + 1$ pour tout nombre réel x.
  On écrit donc $D_f = \mathbb{R}$.
- La fonction inverse qui à un nombre x associe le nombre $\frac{1}{x}$ est définie sur $\mathbb{R} \setminus \{0\}$ (lire « $\mathbb{R}$ privé de 0 »).

Remarque

On note souvent $\mathbb{R}^*$ au lieu de $\mathbb{R} \setminus \{0\}$. L'astérisque signifie « privé de 0 ».

Ainsi $\mathbb{R}^* = \mathbb{R} \setminus \{0\} =]-\infty; 0[\cup]0; +\infty[$.

De même, on note :

- $\mathbb{R}_+$ pour $[0; +\infty[$, c'est-à-dire les réels positifs (0 inclus) ;
- $\mathbb{R}_-$ pour $]-\infty; 0]$, c'est-à-dire les réels négatifs (0 inclus).

On peut combiner ces notations : par exemple $\mathbb{R}_+^* =]0; +\infty[$ représente l'ensemble des nombres réels positifs non nuls.

III Courbe représentative d'une fonction

Définition **Courbe représentative**

Soit f une fonction définie sur le domaine de définition D_f.

La **courbe représentative**, ou **représentation graphique**, de f, notée C_f, est **l'ensemble des points M de coordonnées** $(x; f(x))$ avec $x \in D_f$.

On dit que la courbe C_f a pour **équation** $y = f(x)$, car c'est la condition que vérifient tous les points $M(x, y)$ de la courbe.

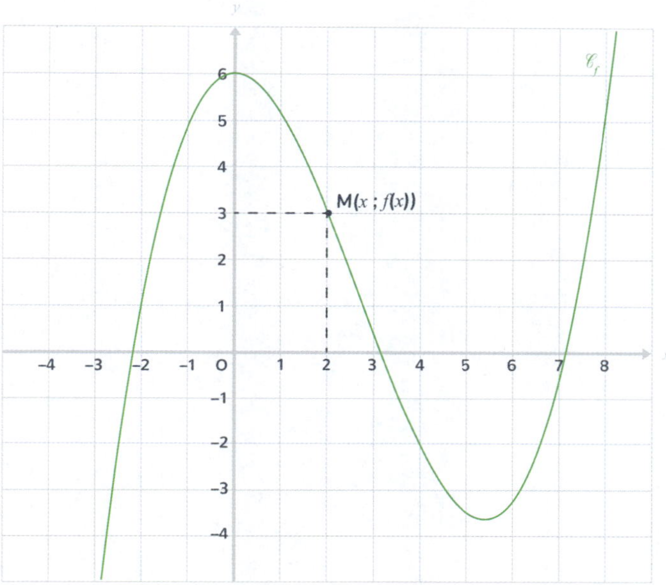

Astuce

– Si $M(x;y)$ est un point de la courbe représentative C_f d'une fonction *f*, alors $y = f(x)$.

– Réciproquement, si $M(x;y)$ est un point du plan tel que $y = f(x)$, alors *M* est un point de la courbe C_f.

Exemple

Soit *f* la fonction définie sur $\mathbb{R}$ par $f(x)=\frac{1}{8}x^3 - x^2 + 6$ et C_f sa courbe représentative.

- Le point $A(2;3)$ appartient à la courbe car :

$$f(2)=\frac{1}{8}2^3 - 2^2 + 6 = 1 - 4 + 6 = 3$$

- L'ordonnée du point *A* est bien l'image par *f* de son abscisse.
- Le point $B(5;1)$ n'appartient pas à la courbe car :

$$f(5)=\frac{1}{8}5^3 - 5^2 + 6 = \frac{125}{8} - 25 + 6 = -3{,}375 \neq 1.$$

L'ordonnée de B est différente de l'image par f de son abscisse.

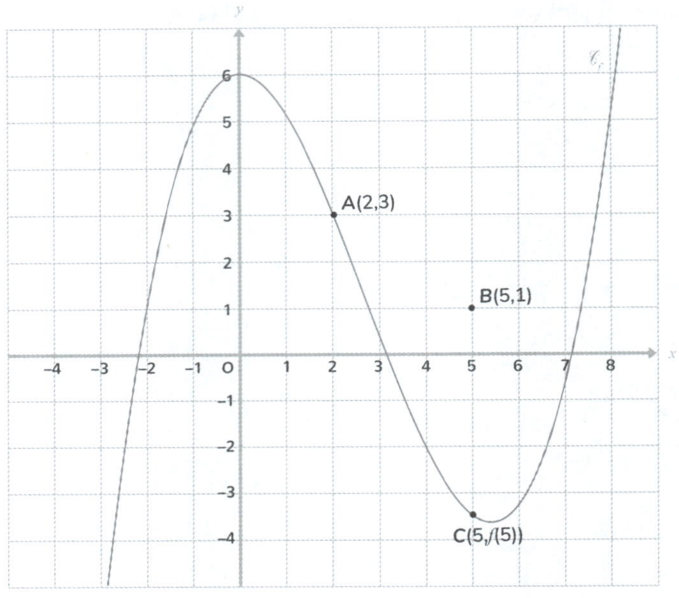

IV Parité

Dans certains cas, la représentation graphique d'une fonction semble présenter des symétries.

L'expression de la fonction permet de préciser et démontrer ces symétries.

A Fonction paire

Définition **Fonction paire**

Une fonction est **paire** si et seulement si :

- son domaine de définition D_f est centré en 0 ;
- pour tout $x \in D_f$, $f(-x) = f(x)$.

Théorème **Symétrie d'une fonction paire**

Dans un repère orthogonal, la courbe représentative d'une fonction paire est symétrique par rapport à l'axe des ordonnées.

Exemple

La fonction f définie sur $\mathbb{R}$ d'expression $f(x)=x^2-3$ est paire car :

- son domaine de définition, $\mathbb{R}$, est centré en 0 ;
- pour tout $x \in \mathbb{R}$, $f(-x)=(-x)^2-3=x^2-3=f(x)$.

On en déduit que sa courbe représentative dans un repère orthogonal est symétrique par rapport à l'axe des ordonnées.

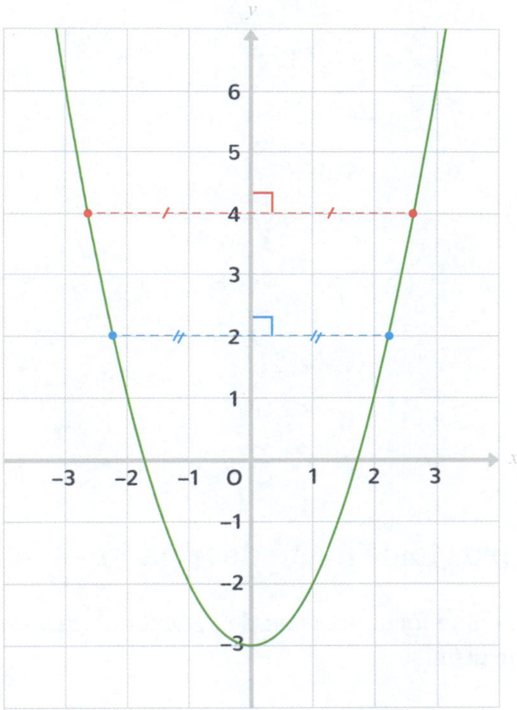

B Fonction impaire

Définition **Fonction impaire**

Une fonction est **impaire** si et seulement si :

- son domaine de définition D_f est centré en 0 ;
- pour tout $x \in D_f$, $f(-x)=-f(x)$.

Théorème **Symétrie d'une fonction impaire**

Dans un repère orthogonal, la courbe représentative d'une fonction impaire est symétrique par rapport à l'origine du repère.

Exemple

La fonction f définie sur $\mathbb{R} \setminus \{0\}$ par $f(x) = \dfrac{4}{x}$ est impaire car :

- son domaine de définition, $\mathbb{R} \setminus \{0\}$, est centré en 0 ;
- pour tout $x \in \mathbb{R} \setminus \{0\}$, $f(-x) = \dfrac{4}{-x} = -\dfrac{4}{x} = -f(x)$.

On en déduit que sa courbe représentative est symétrique par rapport à l'origine du repère.

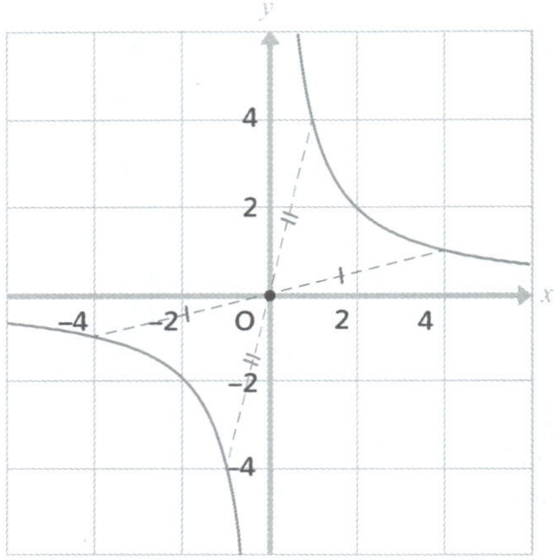

C Pour aller plus loin : utilité de la parité

Déterminer la parité d'une fonction avant de l'étudier permet de limiter l'étude à la moitié du domaine de définition.

Exemple

On veut étudier la fonction inverse, qui à tout réel x non nul associe $\dfrac{1}{x}$.

Cette fonction est définie sur $]-\infty;0[\cup]0;+\infty[$ et elle est impaire. On peut donc limiter notre étude à l'intervalle $]0;+\infty[$, ce qui correspond à une moitié de la courbe.

Ensuite, on peut compléter la courbe par symétrie par rapport au point O, car la fonction est impaire.

Exercices

Exercice 1

Soit la fonction f définie sur $\mathbb{R}$ par $f(x) = x^2 - 3x - 1$.

Quelle est l'image de 2 par la fonction f?

Exercice 2

Soit la fonction f définie sur $\mathbb{R} \setminus \{2\}$ par $f(x) = \frac{(2x-1)}{(x-2)}$.

Quelle est l'image de -1 par la fonction f?

Exercice 3

Soit f la fonction définie sur $[4;+\infty[$ par $f(x) = \sqrt{x-4}$ et C sa courbe représentative dans le repère $(O;I;J)$.

Le point $A(5;-2)$ appartient-il à la courbe C ?

Exercice 4

Soit f la fonction définie sur $\mathbb{R} \setminus \{2\}$ par $f(x) = \frac{3x^2+1}{x-2}$ et C sa courbe représentative dans le repère $(O;I;J)$.

Le point $A(0;\frac{-1}{2})$ appartient-il à la courbe C ?

Exercice 5

Soit f la fonction définie par $f(x) = \frac{3x-2}{x-1}$.

Quel est son ensemble de définition ?

Chapitre 7

Sens de variation d'une fonction

I Définitions

A Fonction croissante

Définition **Croissance**

Soient I un intervalle et f une fonction définie sur cet intervalle.

On dit que f est **croissante** sur I si et seulement si pour **tous** réels a et b de I tels que $a < b$, alors $f(a) \leq f(b)$.

■ Exemple

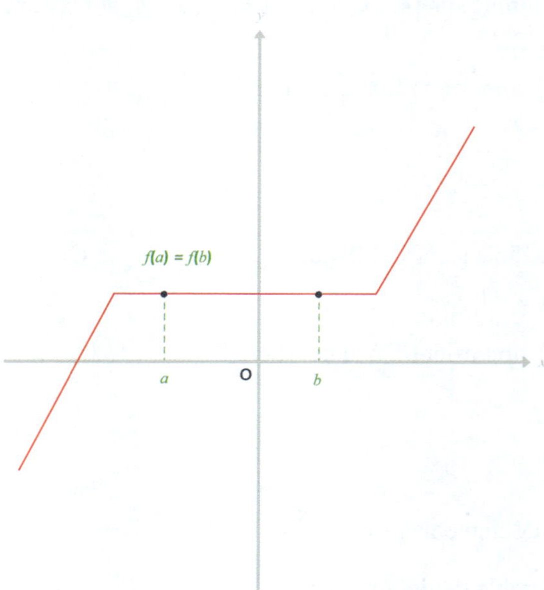

La fonction représentée ci-dessus est croissante.

Remarque

Autrement dit, une fonction est croissante si et seulement si l'ordre des images est toujours le même que celui des antécédents.

Si l'inégalité est stricte, on parle de fonction **strictement** croissante.

Définition **Croissance stricte**

f est **strictement croissante** sur I si et seulement si pour **tous** réels a et b de I tels que $a < b$, alors $f(a) < f(b)$.

Exemple

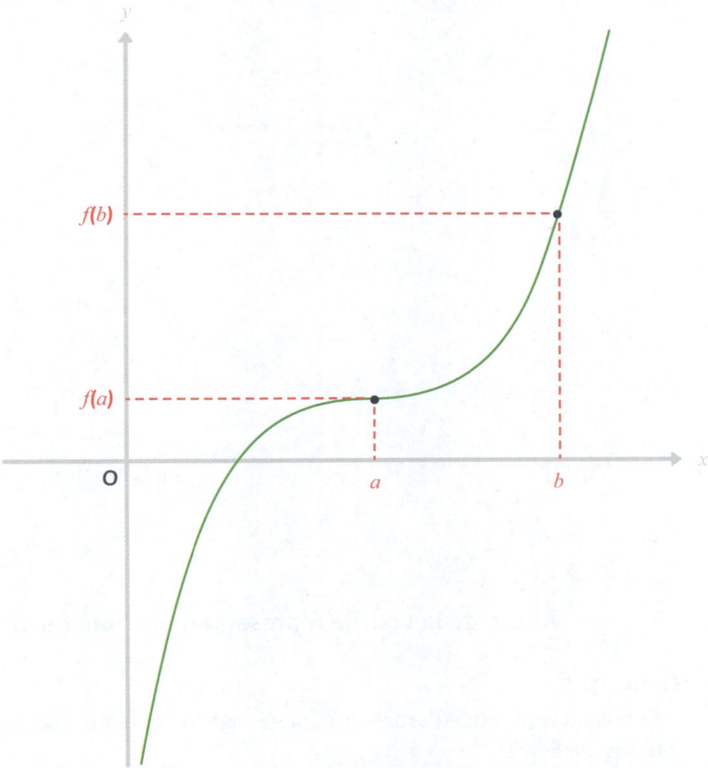

Allure de la courbe représentative d'une fonction strictement croissante

La fonction ci-dessus est strictement croissante : elle n'a pas de palier où elle est constante.

Remarque

Lorsqu'on dit qu'une fonction est strictement croissante, on dit qu'elle est croissante et que si a et b sont différents, les images doivent être différentes elles aussi.

B Fonction décroissante

Définition **Décroissance**

Soient I un intervalle, et f une fonction définie sur cet intervalle.

On dit que f est **décroissante** sur I si et seulement si pour **tous** réels a et b de I tels que $a < b$, alors $f(a) \geq f(b)$.

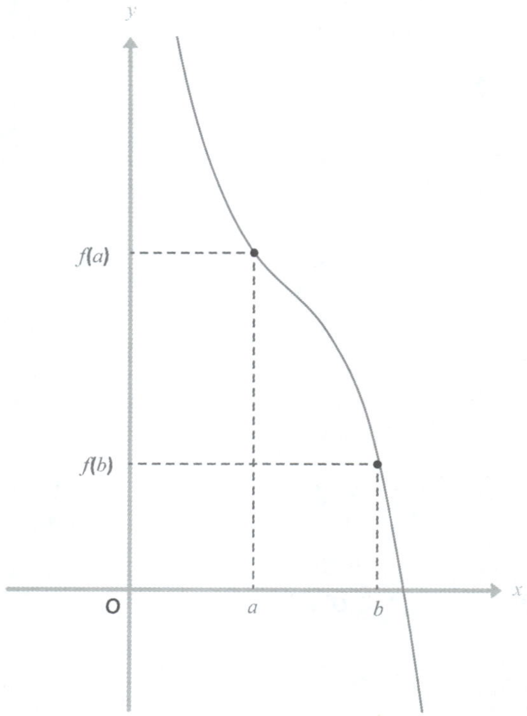

Allure de la courbe représentative d'une fonction décroissante

Remarque

Cela revient à dire que l'ordre des images est toujours inversé par rapport à celui des nombres de départ.

Comme pour la croissance, une fonction peut être strictement décroissante.

Définition **Décroissance stricte**

f est **strictement décroissante** sur I si et seulement si pour **tous** réels a et b de I tels que $a < b$, alors $f(a) > f(b)$.

C Fonction constante

Définition **Constance**

Soient I un intervalle et f une fonction définie sur cet intervalle.

On dit que f est **constante** sur I si et seulement si pour **tous** réels a et b de I, alors $f(a)=f(b)$.

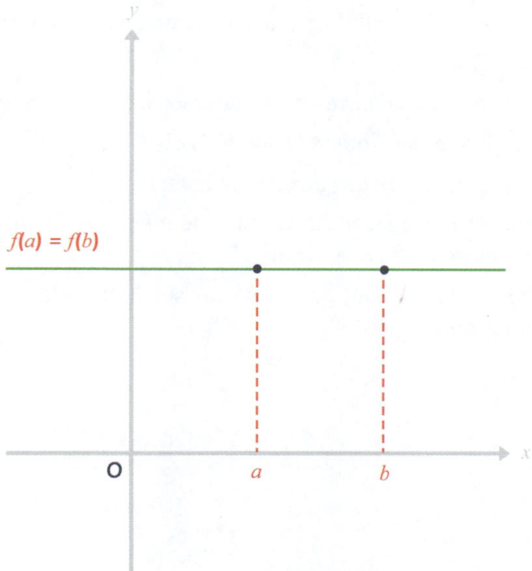

Allure de la courbe représentative d'une fonction constante

Remarque

Une fonction constante est à la fois croissante et décroissante.

D Monotonie

Définition **Monotonie**

Une fonction qui est croissante ou décroissante sur un intervalle I est dite **monotone** sur cet intervalle.

Remarque

Une fonction monotone sur un intervalle ne change pas de sens de variation sur l'intervalle considéré.

Astuce

Quand on demande « d'étudier la monotonie » d'une fonction, on demande de déterminer si elle est croissante, décroissante, constante, ou aucun des trois.

Piège

Les conditions demandées, par exemple « si $x < y$, alors $f(x) \leq f(y)$ », doivent être vraies pour n'importe quels nombres x et y de l'intervalle I, et pas seulement pour des cas particuliers.

En particulier, il ne suffit pas que ce soit vrai pour les bornes de l'intervalle.

Exemple

Pour la fonction f représentée ci-dessous, on a $a < b$, et $f(a) < f(b)$.

Mais sur le même intervalle, on a aussi $a < c$: et $f(c) < f(a)$.

Pour a et c, l'ordre des images est inversé.

L'ordre des images n'est donc pas le même que celui des antécédents pour **tous** les nombres de l'intervalle $[a;b]$.

La fonction n'est donc pas croissante sur l'intervalle $[a;b]$, même si la relation est vraie pour les bornes a et b.

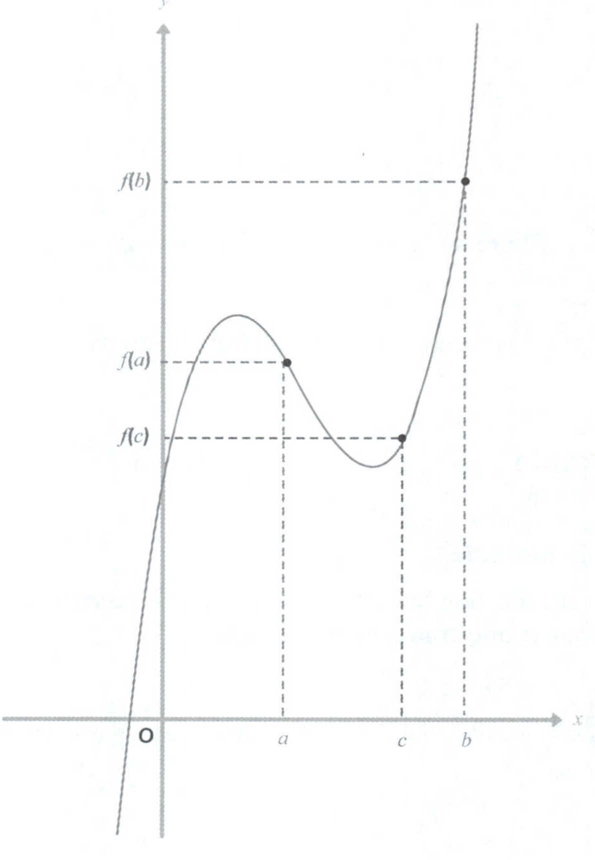

II Maximum et minimum d'une fonction

A Maximum

Définition **Maximum**

Le **maximum** de la fonction f sur l'intervalle I est la plus grande valeur de la fonction f sur I, si elle existe.

Exemple

La fonction représentée ci-dessous admet un maximum sur l'intervalle $[0;2]$. Ce maximum vaut 0,5 et est atteint pour $x = 1$.

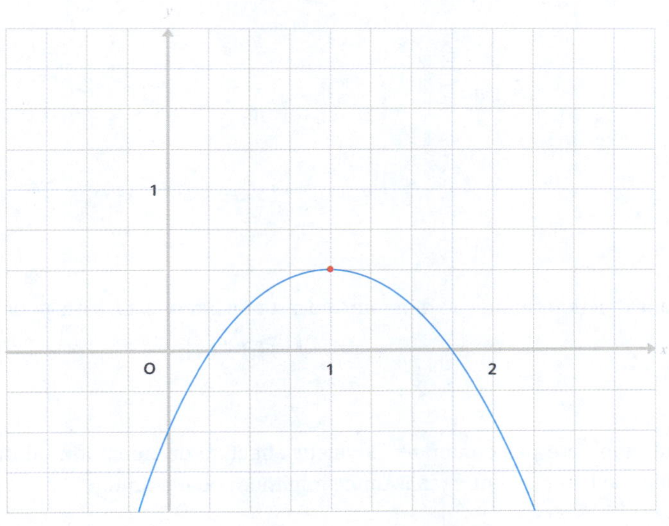

Remarque

Si une fonction f admet un maximum en a sur un intervalle I, alors pour tout réel x de I, on a :

$$f(x) \leq f(a)$$

B Minimum

Définition **Minimum**

Le **minimum** de la fonction f sur l'intervalle I est la plus petite valeur de la fonction f sur I, si elle existe.

■ Exemple

La fonction représentée ci-dessous admet un minimum sur l'intervalle [0;2]. Ce minimum vaut 0,25 et est atteint pour $x = 0,75$.

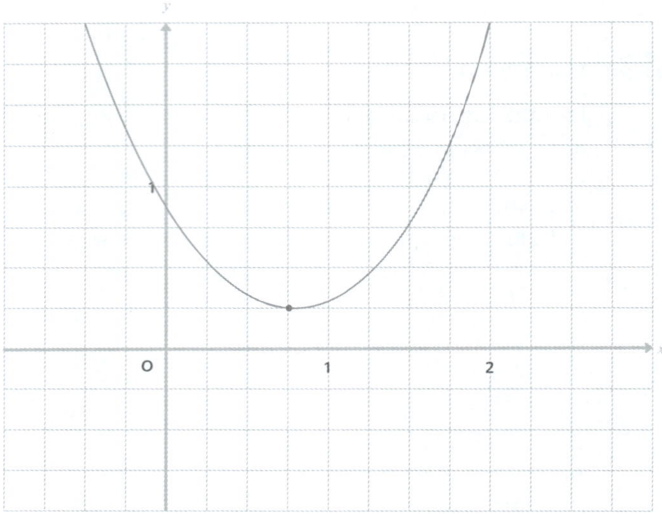

Remarque

Si une fonction f admet un minimum en a sur un intervalle I, alors pour tout réel x de I, on a :

$$f(x) \geq f(a)$$

Piège

Attention à ne pas confondre la valeur effective du minimum ou du maximum avec la valeur de l'antécédent x réalisant ce minimum ou maximum.

Définition **Extremum**

Un maximum ou minimum peut aussi être appelé « **extremum** ».

Le mot « extremum » permet de désigner un maximum ou un minimum sans préciser si c'est un maximum ou un minimum.

■ Exemple

Dire que 0,5 est un extremum de la fonction f sur un intervalle I veut dire que 0,5 est un maximum ou un minimum de la fonction f sur cet intervalle (mais on ne précise pas lequel des deux).

III Tableau de variations

On peut résumer les variations d'une fonction à l'aide d'un tableau de variations.

- Sur la ligne du haut, on représente le domaine de définition.
- Sur la ligne du bas, on indique les variations par des flèches, qui montent quand la fonction est croissante et descendent quand la fonction est décroissante.
- On indique par une double barre les valeurs interdites.
- On note les valeurs remarquables de la fonction : les bornes de l'ensemble de définition, les minimums et les maximums locaux.

Exemple

On a dressé ci-dessous le tableau de variations d'une fonction f.

x	-3		$-1,5$		2		$+\infty$
f	5	↘	0	↗	‖	↘	

Ce tableau de variations indique que :

- f est décroissante sur $[-3;-1,5]$;
- f est croissante sur $[-1,5;2[$;
- f est décroissante sur $]2;+\infty[$;
- $f(-3)=5$;
- $f(-1,5)=0$ et 0 est un minimum local de la fonction ;
- 2 est une valeur interdite.

Il nous donne une idée de l'allure de la courbe.

Ce tableau pourrait par exemple correspondre à la courbe suivante :

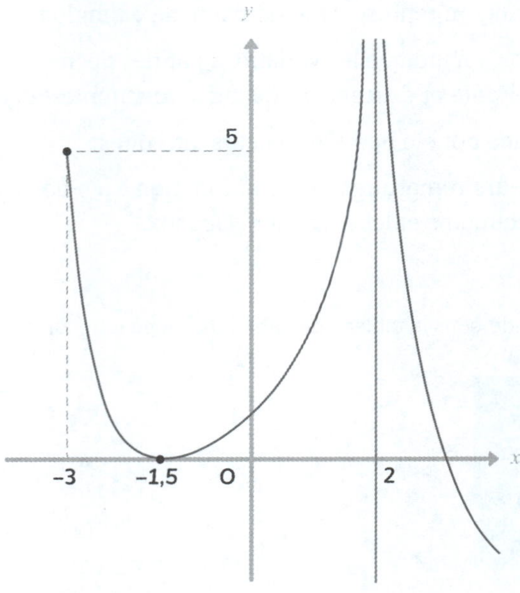

Exercices

Exercice 1

On donne le tableau de variations suivant d'une fonction f définie sur $\mathbb{R}$:

x	$-\infty$		-5		-3		0		$+\infty$
Variations de f		↗	0	↘	-2	↗	10	↘	

1. Décrire par des phrases les variations de cette fonction.
2. Comparer, si possible, les nombres suivants ? Justifier.

   $f(1)$ et $f(2)$

   $f(-2)$ et $f(-1)$

   $f(-6)$ et $f(-4)$

Exercice 2

On considère la fonction f définie sur $\mathbb{R}$ par $f(x) = 2x^2 - 12x + 23$.

1. Montrer que, pour tout réel x, $f(x) = 2(x-3)^2 + 5$.
2. En déduire que f admet un minimum en 3 que l'on précisera.

Exercice 3

Soit $x \in \mathbb{R}$ tel que $0 < x$.

Soit f une fonction croissante sur $[0;+\infty[$.

Parmi les affirmations suivantes, lesquelles sont alors vraies ?

1. $0 < f(x)$
2. $0 \leq f(x)$
3. $f(0) < f(x)$
4. $f(0) \leq f(x)$

Exercice 4

Que peut-on dire de la fonction f représentée par la courbe C_f sur le graphique suivant ?

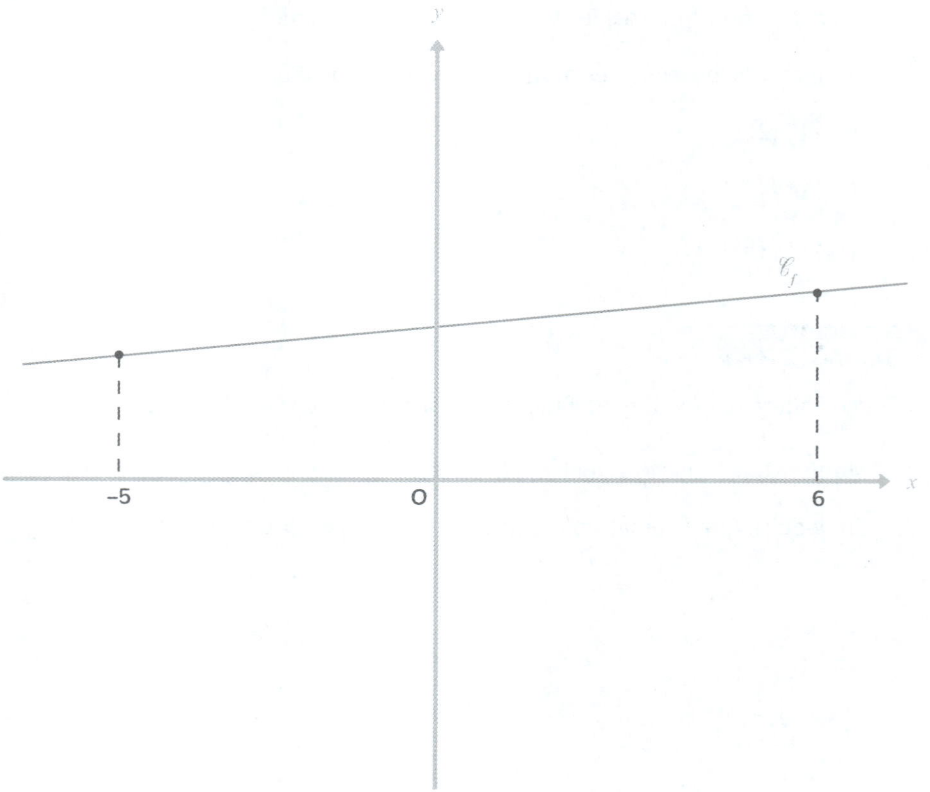

Exercice 5

Que peut-on dire de la fonction affine f représentée par la courbe C_f sur le graphique suivant ?

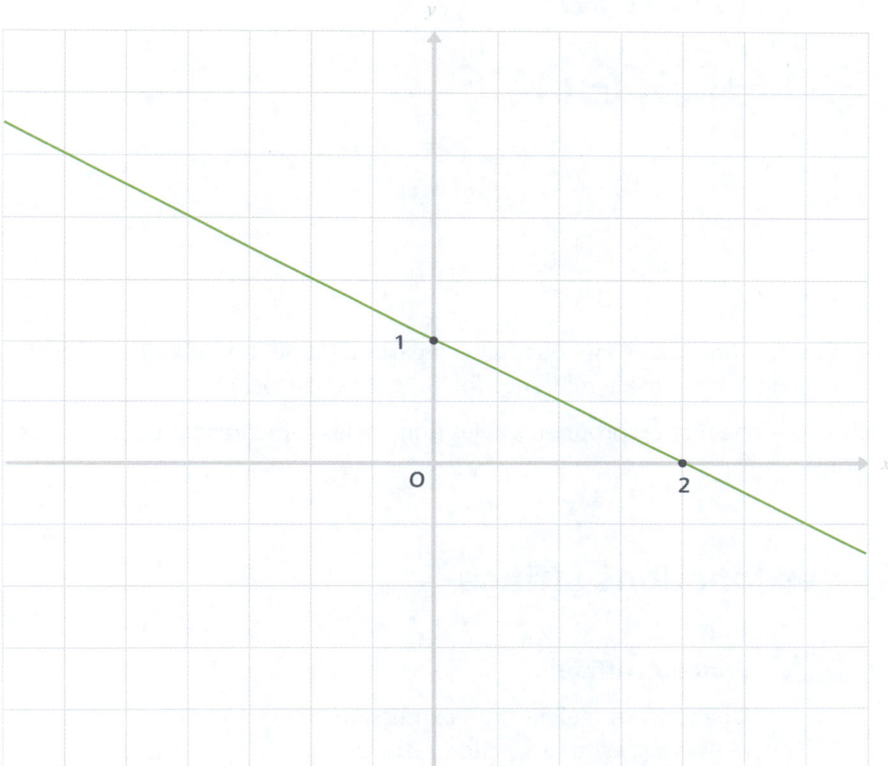

Chapitre 8

Fonctions de référence

La plupart des fonctions sont construites à partir d'un petit nombre de fonctions que l'on appelle les fonctions de référence (ou fonctions usuelles).

Il est bon de connaître les propriétés et les principales caractéristiques de ces quelques fonctions.

I Les fonctions affines

Définition **Fonction affine**

Une fonction définie sur l'expression $f(x) = ax + b$, où a et b sont des réels fixés, est une fonction **affine**.

Sa courbe représentative est une **droite**.

Propriété Si f est une fonction affine d'expression $f(x) = ax + b$, où a et b sont des réels, alors le réel a détermine la direction de la droite.

Il est appelé **coefficient directeur, ou pente**.

Propriété

- Si le coefficient directeur a est **strictement positif**, cette fonction est **strictement croissante sur** $\mathbb{R}$.
- Si le coefficient directeur a est **strictement négatif**, elle est **strictement décroissante sur** $\mathbb{R}$.
- Si le coefficient directeur a est **nul**, elle est **constante sur** $\mathbb{R}$.

Exemple

Soit f la fonction affine d'expression $f(x) = 6x - 18$.

Le coefficient directeur est 6, il est positif donc f est croissante sur $\mathbb{R}$.

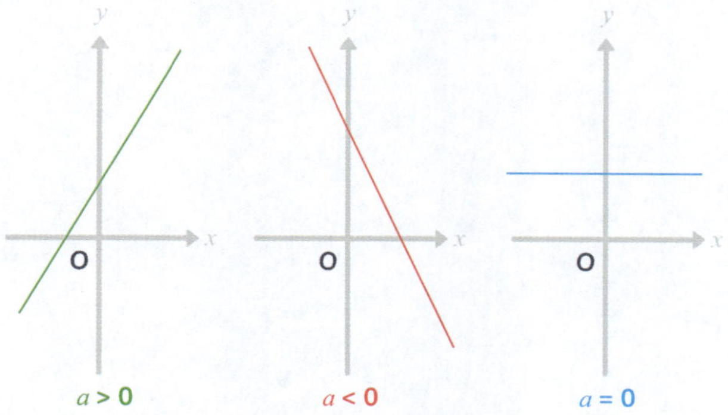

Propriété Soit f une fonction affine d'expression $f(x) = ax + b$.

- Si $a \neq 0$, $ax + b = 0 \Leftrightarrow x = \dfrac{-b}{a}$.
- Si $a = 0$, alors l'expression ne s'annule jamais, sauf si $b = 0$ également.

II La fonction carré

A Définition

Définition **Fonction carré**

La **fonction carré** est la fonction définie sur $\mathbb{R}$ par :

$$f(x) = x^2$$

Exemple

L'image de 2 par la fonction carré est 4 car $2^2 = 4$.

B Courbe représentative

Dans le plan muni d'un repère orthogonal, la courbe représentative de la fonction carré est une **parabole** dont le sommet est l'origine O du repère.

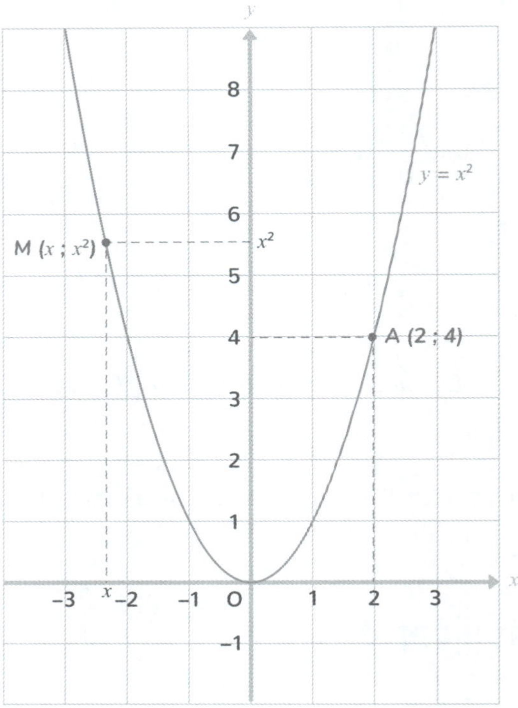

C Parité

Propriété La fonction carré est une fonction **paire** :

- son ensemble de définition est centré en 0 ;
- pour tout nombre réel x, $f(-x) = f(x)$.

Comme pour toute fonction paire, dans un repère orthogonal sa courbe est symétrique par rapport à l'axe des ordonnées.

Démonstration

- L'ensemble de définition de la fonction carré est $\mathbb{R}$, qui est bien centré en O.
- Pour tout réel x, on a $(-x)^2 = x^2$.

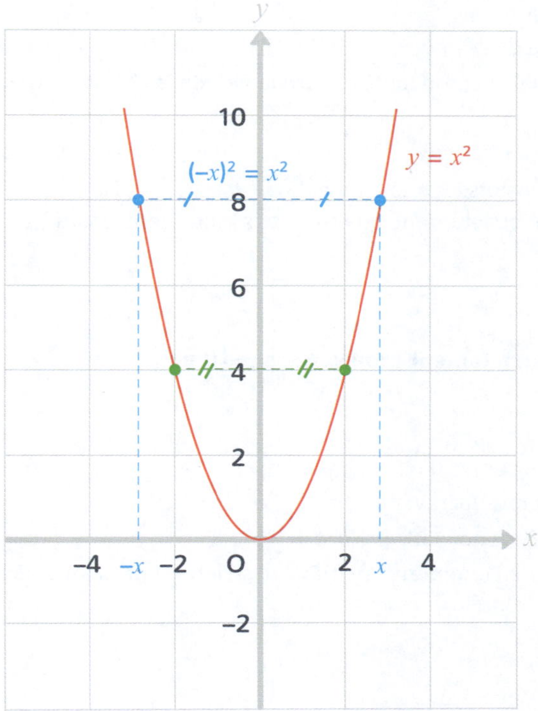

D Sens de variations et signe

Propriété La fonction carré est :

- strictement décroissante sur $]-\infty;0]$;
- strictement croissante sur $[0;+\infty[$.

Démonstration

- **Cas 1**

  Sur $[0;+\infty[$:

  Soient deux réels a et b tels que $0 \leq a < b$.

  On veut comparer leurs images a^2 et b^2.

  Cela revient à chercher le signe de $b^2 - a^2$.

  Or $b^2 - a^2 = (b+a)(b-a)$. (C'est une identité remarquable, voir le chapitre « Calcul littéral ».)

  - Comme $a < b$, $b - a > 0$.
  - De plus, comme a et b sont positifs, et b est non nul, $a + b > 0$.

  Le produit de deux nombres strictement positifs est strictement positif, donc $b^2 - a^2 = (b+a)(b-a) > 0$.

  On en déduit que $b^2 > a^2$.

  Si $0 \leq a < b$ alors $a^2 < b^2$.

  La fonction carré est donc strictement croissante sur $[0;+\infty[$.

- **Cas 2**

  Sur $]-\infty;0]$:

  Soient deux réels a et b tels que $a < b \leqslant 0$.

  On suit le même raisonnement qu'auparavant.

  Comme a et b sont négatifs et b est non nul, $a + b < 0$.

  Le produit de deux nombres strictement positifs est strictement positif, donc $b^2 - a^2 = (b+a)(b-a) < 0$.

  On en déduit que $b^2 < a^2$.

  Si $a < b \leq 0$, alors $a^2 > b^2$.

  La fonction carré est donc strictement décroissante sur $]-\infty;0]$.

Voici le tableau de variations de la fonction carré :

x	$-\infty$		0		$+\infty$
f		↘	0	↗	

Propriété On retrouve dans le tableau de variations le fait que la fonction carré est toujours positive ou nulle.

Pour tout $x \in \mathbb{R}$, $x^2 \geq 0$.

E Fonction carré et inégalités

Connaître les variations de la fonction carré permet de l'utiliser dans les inégalités. En effet, la croissance ou décroissance d'une fonction a un impact sur l'ordre des images.

Ce point est abordé dans le cours « Variations de fonctions » de la classe de seconde.

Propriété Soient a et b deux réels.

- Si a et b sont tous les deux positifs, on conserve l'ordre quand on applique la fonction carré. Autrement dit, si $0 \leq a < b$, alors $a^2 < b^2$.
- Si a et b sont tous les deux négatifs, on inverse l'ordre quand on applique la fonction carré. Autrement dit, si $a < b \leq 0$, alors $a^2 > b^2$.

Autrement dit : l'ordre des images est conservé sur l'intervalle $]0;+\infty[$ où la fonction carré est croissante, mais il est inversé sur l'intervalle $]-\infty;0[$ où elle est décroissante.

✕ Piège

On peut connaître l'ordre de a^2 et b^2 seulement dans le cas où a et b sont de même signe. Mais si a et b n'ont pas le même signe, ou que l'on ne sait pas si c'est le cas, on ne peut rien dire de l'ordre de a^2 et b^2.

Exemple

- $0 < 3 < 5$ donc $0 < 3^2 < 5^2$.
- Si $x < (-2)$, alors $x^2 > (-2)^2$ car x et (-2) sont tous les deux négatifs.
- Si $x < 3$, on ne peut pas connaître l'ordre de x^2 et 3^2, car on ne sait pas si x est positif ou non.

III La fonction racine carrée

A Définition

Définition **Fonction racine carrée**

La fonction **racine carrée** est définie sur $[0;+\infty[$ par :

$$f(x) = \sqrt{x}$$

B Courbe représentative

La courbe représentative de la fonction racine carrée est la suivante :

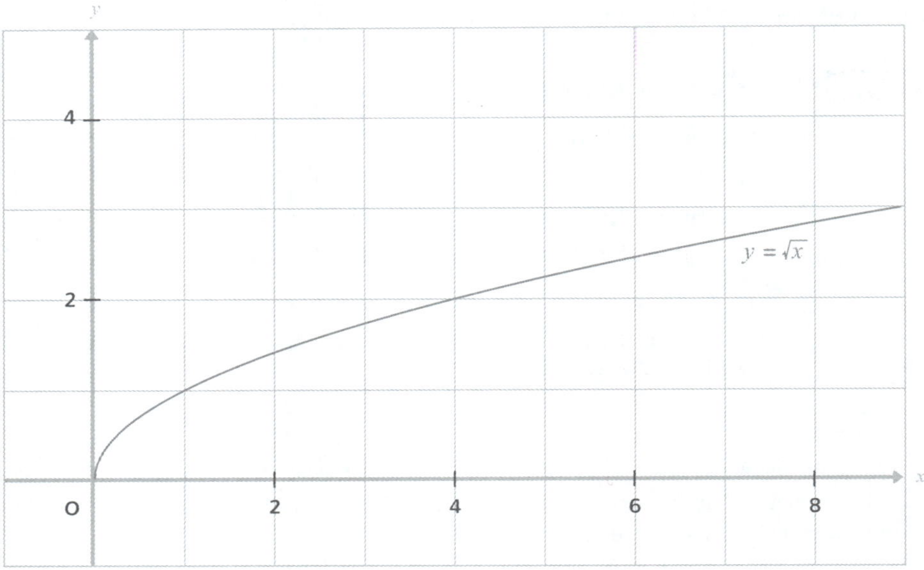

C Sens de variation et signe

Propriété La fonction racine carrée est **strictement croissante** sur $[0;+\infty[$.

Démonstration

Soient deux réels a et b tels que $0 \leq a < b$.
On veut comparer leurs images $\sqrt{a}$ et $\sqrt{b}$.
Cela revient à chercher le signe de $\sqrt{b} - \sqrt{a}$.

Comme $a^2 - b^2 = (a-b)(a+b)$, si $a + b \neq 0$, $a - b = \dfrac{(a^2 - b^2)}{(a+b)}$.

Dans notre cas, on a $\sqrt{a} + \sqrt{b} \neq 0$.

Donc $\sqrt{a} - \sqrt{b} = \dfrac{(\sqrt{b}^2 - \sqrt{a}^2)}{(\sqrt{a} + \sqrt{b})} = \dfrac{(b-a)}{(\sqrt{a} + \sqrt{b})}$

Comme $a < b$, on a $b - a > 0$.
De plus, $\sqrt{a} + \sqrt{b} > 0$.
Le quotient de deux nombres strictement positifs est strictement positif,
donc $\sqrt{b} - \sqrt{a} = \dfrac{b-a}{\sqrt{b} + \sqrt{a}} > 0$.

On en déduit que $\sqrt{a} < \sqrt{b}$.

Si $0 \leq a < b$, alors $\sqrt{a} < \sqrt{b}$.

La fonction racine carrée est donc strictement croissante sur $[0;+\infty[$.

Le tableau de variations de la fonction racine carrée est le suivant :

x	0	$+\infty$
f	0	↗

Propriété On retrouve dans le tableau de variations le fait que la fonction racine carrée est toujours positive : pour tout $x \in \mathbb{R}$, $\sqrt{x} \geq 0$.

D Relation avec la fonction carré (approfondissement)

La fonction racine carrée est la réciproque de la fonction carré sur $[0;+\infty[$.

En effet, l'image de x par la fonction racine est l'antécédent **positif** de x par la fonction carré.

Graphiquement, cela revient à dire que, sur $[0;+\infty[$, les deux courbes sont symétriques par rapport à la droite d'équation $y = x$.

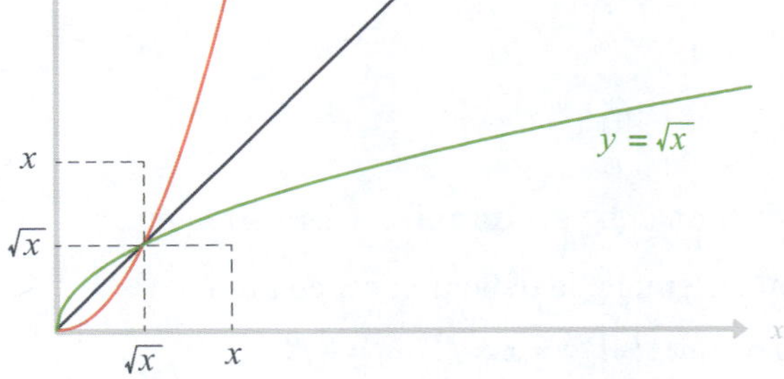

IV La fonction cube

A Définition

Définition **Fonction cube**

La **fonction cube** est la fonction définie sur $\mathbb{R}$ qui a pour expression :

$$f(x) = x^3$$

B Courbe représentative

La courbe représentative de la fonction cube est la suivante :

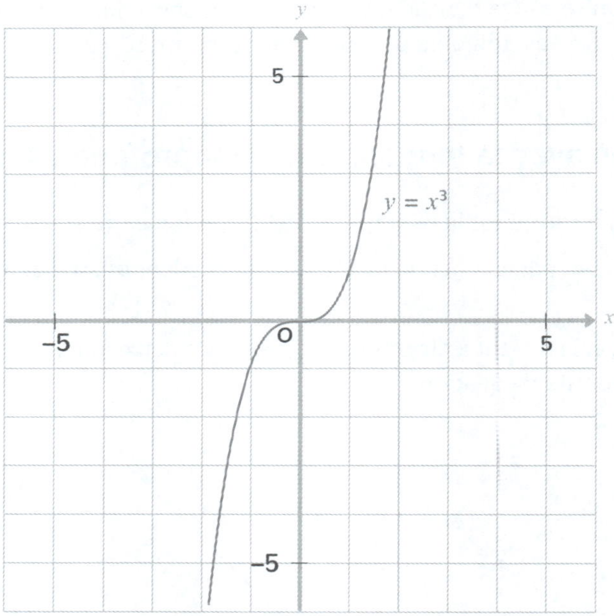

C Parité

Propriété La fonction cube est **impaire**, c'est-à-dire que :

- son ensemble de définition est centré en $x = 0$;
- pour tout réel $y = x$, $f(-x) = -f(x)$.

Comme pour toute fonction impaire, sa courbe est donc symétrique par rapport à l'origine du repère.

Démonstration

- L'ensemble de définition de la fonction cube est $\mathbb{R}$, qui est bien centré en 0.
- Pour tout réel x, $(-x)^3 = (-x) \times (-x)^2 = (-x) \times x^2 = -(x \times x^2) = -x^3$.

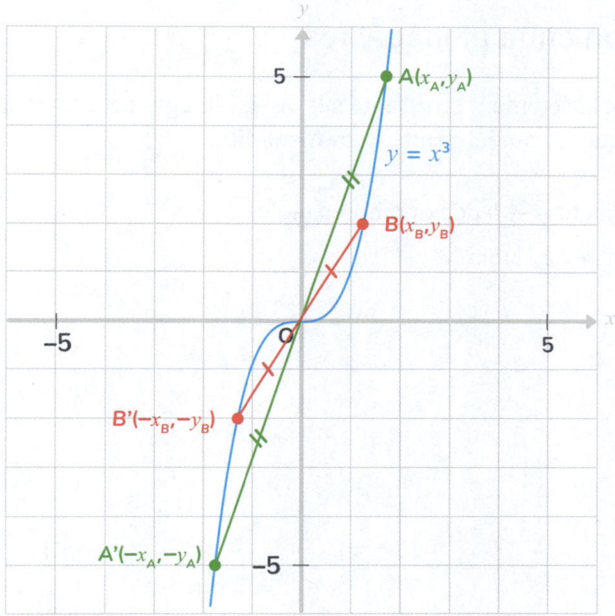

D Sens de variation et signe

Propriété La fonction cube est **strictement croissante** sur $\mathbb{R}$.

Son tableau de variations est le suivant :

x	$-\infty$	0	$+\infty$
f	↗	0	↗

Propriété La fonction cube est :

- strictement négative sur $]-\infty;0[$;
- strictement positive sur $]0;+\infty[$;
- nulle lorsque $x=0$.

E Fonction cube et inégalités

La fonction étant strictement croissante sur $\mathbb{R}$, les images sont toujours rangées dans le même ordre que les antécédents. Autrement dit :

Propriété Soient a et b deux nombres réels.

Si $a<b$, alors $a^3<b^3$.

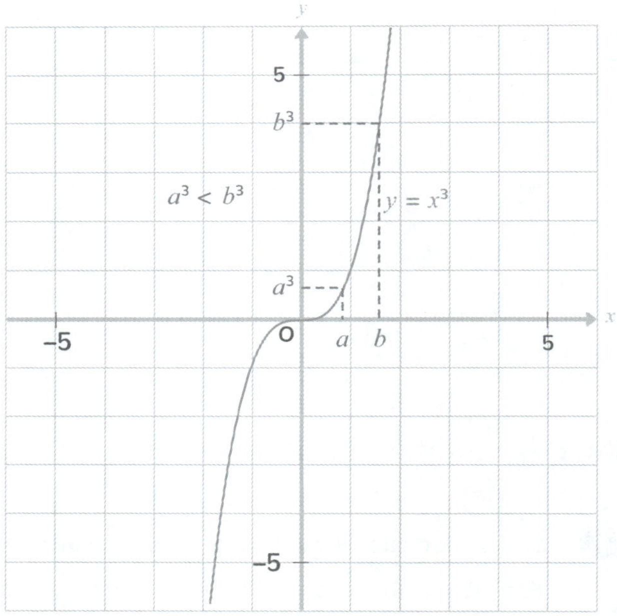

V Comparaison des fonctions carré et cube

Propriété Soit x un nombre réel positif.

- Si $x=0$ ou $x=1$, $x=x^2=x^3$.
- Si $0<x<1$, $x^3<x^2<x$.
- Si $x>1$, $x^3>x^2>x$.

Démonstration

- $0^2 = 0^3 = 0$ et $1^2 = 1^3 = 1$
- Soit un réel x tel que $0 < x < 1$.
- En multipliant chaque membre de l'inégalité par x, on obtient :
- $0 < x^2 < x$
  En effet, x est positif, donc on conserve le sens de l'inégalité.
  En multipliant encore une fois par x on obtient :
  $0 < x^3 < x^2$
  Donc finalement : $x^3 < x^2 < x$.
- Soit un réel x tel que $x > 1$.
  En multipliant chaque membre de l'inégalité par x, on obtient :
  $x^2 > x$
  En effet, x est positif, donc on conserve le sens de l'inégalité.
  En multipliant encore une fois par x, on obtient :
  $x^3 > x^2$
  Donc finalement : $x^3 > x^2 > x$.

Cette propriété peut s'interpréter en termes de position relative des courbes d'équations $y = x$, $y = x^2$ et $y = x^3$:

Propriété

- Les courbes d'équations $y = x$, $y = x^2$ et $y = x^3$ se coupent aux points de coordonnées (0;0) et (1;1).
- Pour $0 < x < 1$, la courbe de la fonction cube est sous la courbe de la fonction carré, qui elle-même est sous la droite d'équation $y = x$.
- Pour $x > 1$, la droite d'équation $y = x$ est sous la courbe de la fonction carré, qui elle-même est sous la courbe de la fonction cube.

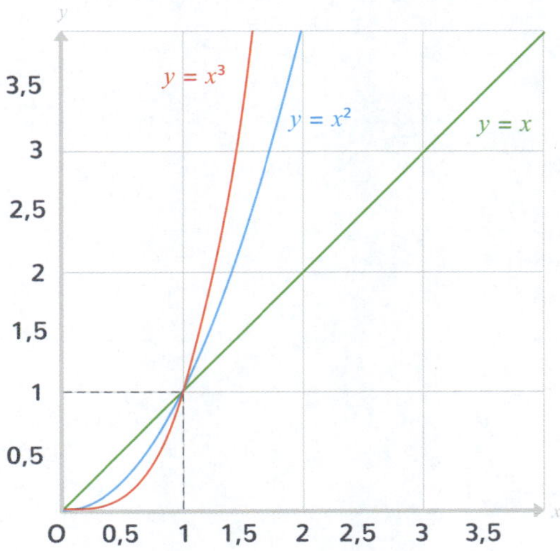

VI La fonction inverse

A Définition

Définition **Fonction inverse**

La **fonction inverse** est définie sur $\mathbb{R} \setminus \{0\}$ par :

$$f(x) = \frac{1}{x}$$

À retenir

La fonction inverse n'est pas définie en 0.

B La courbe représentative

La courbe représentative de la fonction inverse est une **hyperbole** dont le centre est l'origine O du repère.

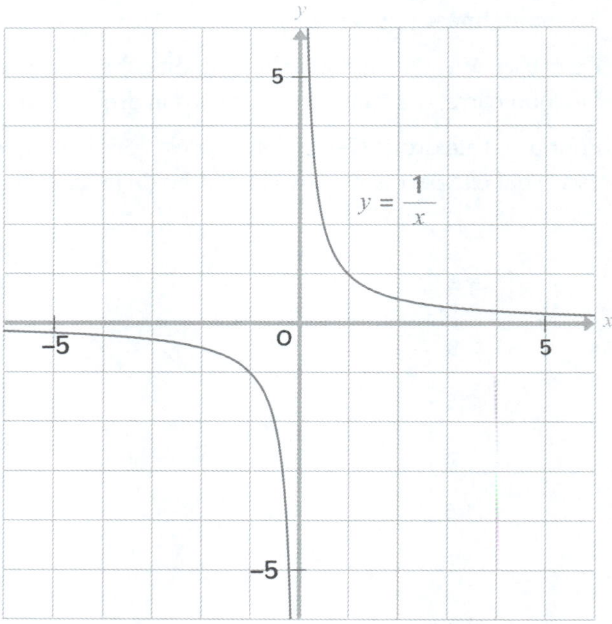

C Parité

Propriété La fonction inverse est **impaire**. Autrement dit :

- son ensemble de définition est centré en O ;
- pour tout réel x, $f(-x) = -f(x)$.

Comme pour toute fonction impaire, sa courbe est donc symétrique par rapport à l'origine du repère.

Démonstration

- L'ensemble de définition de la fonction inverse est $\mathbb{R} \setminus \{0\}$, qui est bien centré en O.
- Pour tout nombre réel x, $f(-x) = \frac{1}{-x} = -\frac{1}{x}$.

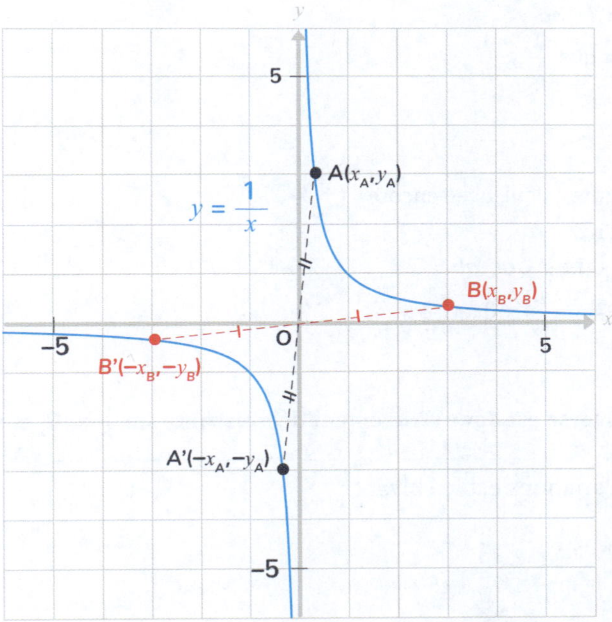

D Sens de variation et signe

Propriété La fonction inverse est **décroissante** sur $]-\infty;0[$ et sur $]0;+\infty[$.

Démonstration

- **Cas 1**

  Sur $]0;+\infty[$

  Soient deux réels a et b tels que $0 < a < b$.

  On veut comparer leurs images $\frac{1}{a}$ et $\frac{1}{b}$.

  Cela revient à chercher le signe de $\frac{1}{b} - \frac{1}{a}$.

  Or, $\frac{1}{b} - \frac{1}{a} = \frac{1 \times a}{b \times a} - \frac{1 \times b}{a \times b} = \frac{a-b}{ab}$.

  Comme $a < b$, on a $a - b < 0$.

  De plus, comme $a > 0$ et $b > 0$, $ab > 0$.

  Donc $\frac{1}{b} - \frac{1}{a} = \frac{a-b}{ab} < 0$.

  On en déduit que $\frac{1}{a} > \frac{1}{b}$.

- **Cas 2**

  Sur $]-\infty;0[$

  On fait le même calcul, avec encore :

  $a - b < 0$ car $a < b$;

  Comme $a < 0$ et $b < 0$, $ab > 0$.

  Donc $\frac{1}{b} - \frac{1}{a} = \frac{a-b}{ab} < 0$ et $\frac{1}{a} > \frac{1}{b}$.

Conclusion :

La fonction inverse est donc strictement décroissante sur $]-\infty;0[$ et sur $]0;+\infty[$.

Son tableau de variations est le suivant :

x	$-\infty$		0		$+\infty$
f		↘	‖	↘	

E Fonction inverse et inégalités

On déduit la propriété suivante du tableau de variations de la fonction inverse :

Propriété Soient a et b des nombres réels tels que $a < b$.

- Si $0 < a < b$, alors $\frac{1}{a} > \frac{1}{b}$.
  L'ordre des images est inversé car la fonction inverse est strictement décroissante sur $]0;+\infty[$.
- Si $a < b < 0$, alors $\frac{1}{a} > \frac{1}{b}$.
  L'ordre des images est inversé car la fonction inverse est strictement décroissante sur $]-\infty;0[$.
- Si $a < 0 < b$, $\frac{1}{a}$ reste négatif tandis que $\frac{1}{b}$ reste positif, on a donc $\frac{1}{a} < \frac{1}{b}$.

À retenir

Lorsque a et b sont de même signe, l'ordre est inversé quand on applique la fonction inverse.

S'ils sont de signes différents, l'ordre est conservé.

✖ Piège

Si l'on ne connaît pas le signe de a et b, on ne peut rien conclure sur l'ordre des images !

Exemple

- $0 < 3 < 5$ donc $\frac{1}{3} > \frac{1}{5}$.
- Si $x < -2$, alors $x < -2 < 0$ donc $\frac{1}{x} > \frac{1}{-2}$.
- Si $x < 3$, on ne peut pas connaître l'ordre de $\frac{1}{x}$ et $\frac{1}{3}$, car on ne sait pas si x et 3 ont le même signe.

Exercices

Exercice 1

Quel est le coefficient directeur de la droite représentative de la fonction f suivante ?

$$f(x) = -2(-x+2)$$

Exercice 2

Encadrer $\frac{1}{x}$ dans chacun des cas suivants :

a. $3 \leq x \leq 7$

b. $-10 < x < -2$

c. $x \in [4;10]$

Exercice 3

Encadrer x dans chacun des cas suivants :

a. $3 \leq \frac{1}{x} \leq 7$

b. $-10 < \frac{1}{x} < -2$

c. $\frac{1}{x} \in [4;10]$

Exercice 4

Sans calculatrice, comparer les nombres suivants :

a. $3{,}2^2$ et $3{,}23^2$

b. $\dfrac{1}{\pi}$ et $\dfrac{1}{3}$

c. $\dfrac{1}{\left(3+\sqrt{3}\right)^3}$ et $\dfrac{1}{\left(3-\sqrt{3}\right)^3}$

Exercice 5

Soit f la fonction définie sur $\mathbb{R}$ par $f(x) = 7x^3 - 5x$. Quelle est la parité de la fonction f ?

Chapitre 9

Résolutions graphiques d'équations ou inéquations

I Équations du type *f*(*x*) = *k*

Soient *f* une fonction et *k* un nombre réel fixé.

Pour résoudre graphiquement une équation du type $f(x)=k$, on peut utiliser la représentation graphique de *f* avec les étapes suivantes :

1. Tracer la représentation graphique de *f*, c'est-à-dire la courbe d'équation $y=f(x)$.
2. Tracer la droite horizontale d'équation $y=k$.
3. Trouver les points d'intersection des deux courbes.
4. Les solutions sont les **abscisses** de ces points.

Exemple

On cherche à résoudre dans $\mathbb{R}$ l'équation $\frac{1}{8}x^3-x^2+6=3$.

Soit *f* la fonction définie sur $\mathbb{R}$ par $f(x)=\frac{1}{8}x^3-x^2+6$.

L'équation équivaut à $f(x)=3$.

Si elle n'est pas déjà donnée, on trace la représentation graphique de f à l'aide d'une calculatrice ou d'un ordinateur.

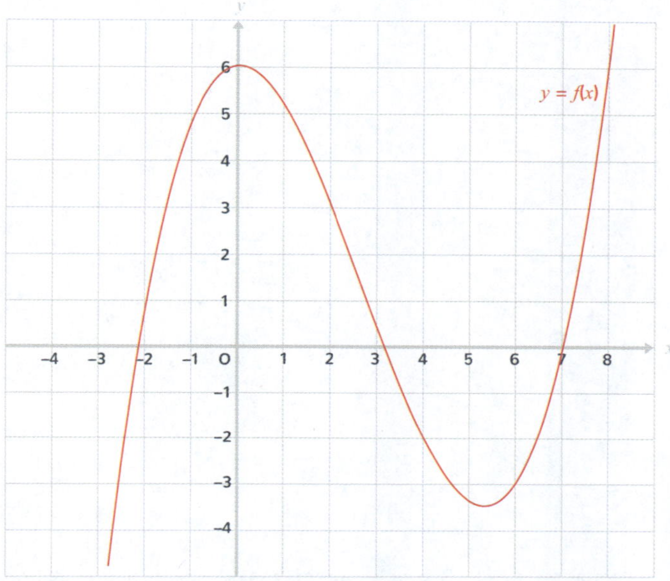

On trace la droite d'équation $y = 3$.

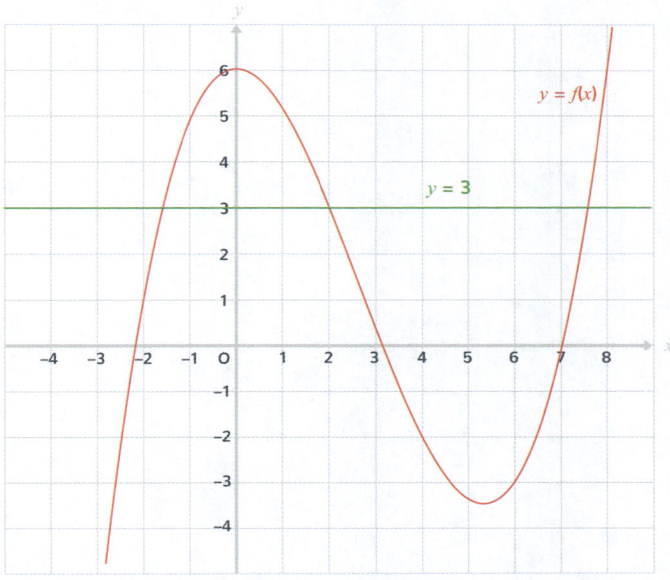

On trouve les points d'intersection.

Attention à ne pas en oublier !

Ici, il y en a 3, comme le montre le graphique ci-dessous.

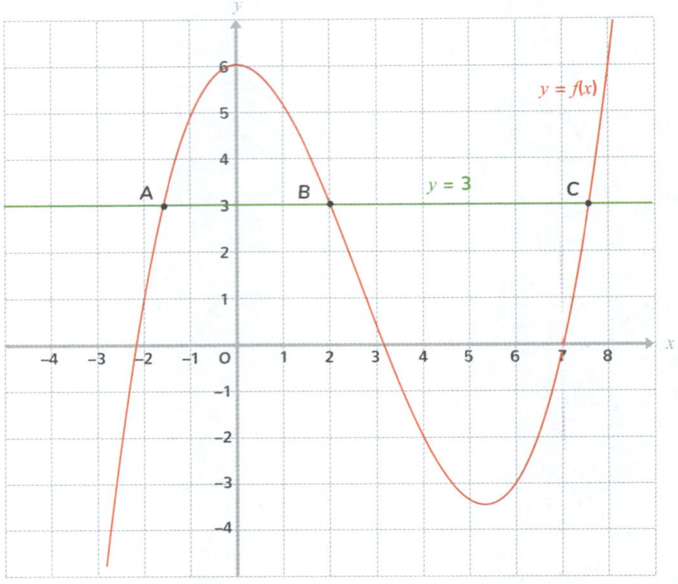

Les solutions de l'équation $f(x) = 3$ sont les **abscisses** des points d'intersection obtenus. On en donne des valeurs approchées (ici au dixième), car la lecture graphique ne permet pas en général d'avoir des valeurs exactes.

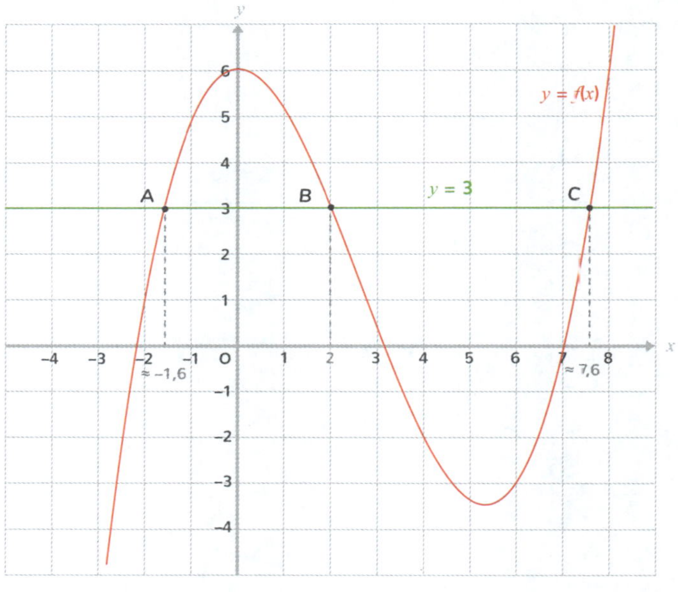

Conclusion

L'équation $\frac{1}{8}x^3 - x^2 + 6 = 3$ admet trois solutions réelles, qui sont :

$$x_1 \approx -1{,}5\,;\ x_2 \approx 2\,;\ x_3 \approx 7{,}6$$

✖ Piège

Les solutions sont les abscisses des points, et pas les points eux-mêmes.

Remarque

Les solutions trouvées sont les **antécédents** de k par f.

II Équations du type $f(x) = g(x)$

Pour résoudre graphiquement une équation du type $f(x)=g(x)$, on procède comme pour résoudre une équation du type $f(x)=k$, mais en cherchant les points d'intersection des courbes de f et de g.

1. On trace la courbe représentative de f, d'équation $y=f(x)$.
2. On trace la courbe représentative de g, d'équation $y=g(x)$.
3. On repère les points d'intersection des deux courbes.
4. Les solutions de l'équation sont les **abscisses** de ces points.

Soient :

$$f(x)=\frac{7}{15}x^3-\frac{7}{5}x^2-\frac{7}{15}x+\frac{7}{5} \text{ et } g(x)=\left(\frac{1}{4}\right)^2+\frac{1}{2}x-\frac{3}{4}$$

On note C_f et C_g leur représentation graphique.

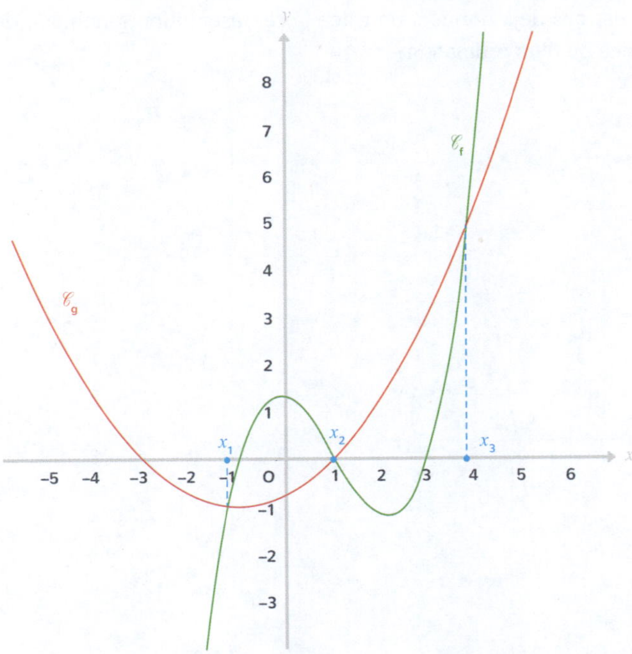

✖ Piège

Attention à bien prendre pour solutions les abscisses des points d'intersection, et non les ordonnées !

III Inéquations du type $f(x) < k$

Soient f une fonction et k un nombre réel fixé.

Pour résoudre graphiquement une inéquation du type $f(x) < k$, on peut utiliser la représentation graphique de f avec les étapes suivantes :

1. On trace la représentation graphique de f, c'est-à-dire la courbe d'équation $y = f(x)$.
2. On trace la droite horizontale d'équation $y = k$.
3. On trouve les points de la courbe qui sont situés **strictement sous** cette droite.
4. L'ensemble des solutions est un intervalle (ou une union d'intervalles) correspondant aux abscisses de ces points.

Exemple

On cherche à résoudre dans $\mathbb{R}$ l'inéquation $\frac{1}{8}x^3 - x^2 + 6 < 3$.

Soit f la fonction définie sur $\mathbb{R}$ par $f(x) = \frac{1}{8}x^3 - x^2 + 6$.

L'inéquation équivaut à $f(x) < 3$.

Si elle n'est pas déjà donnée, on trace la représentation graphique de f à l'aide d'une calculatrice ou d'un ordinateur.

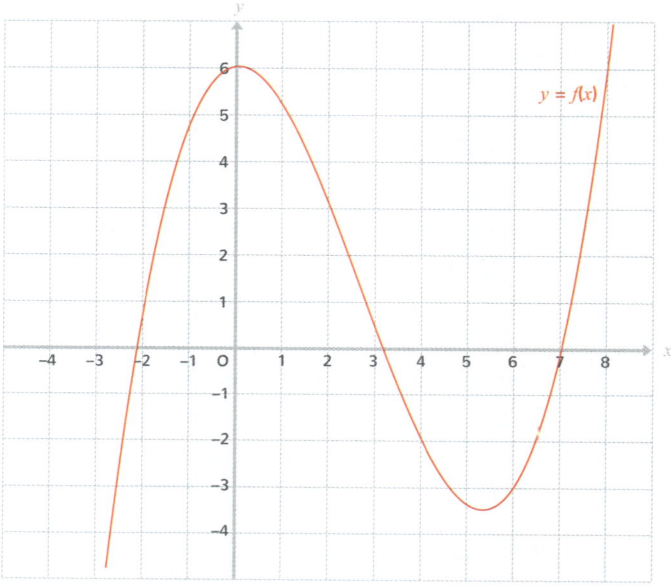

On trace la droite d'équation $y = 3$.

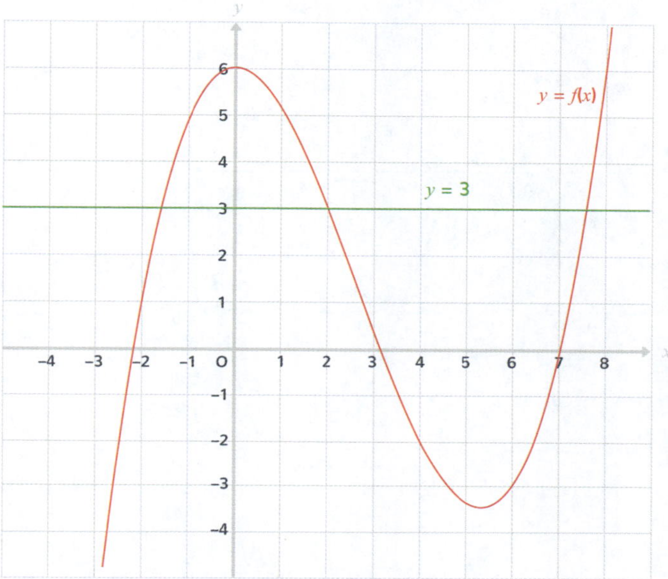

On trouve les points d'intersection de la courbe et de la droite, puis on détermine leurs abscisses.

Ici, ce sont les valeurs (arrondies au dixième) $x_1 \approx -1{,}5$; $x_2 \approx 2$; $x_3 \approx 7{,}6$.

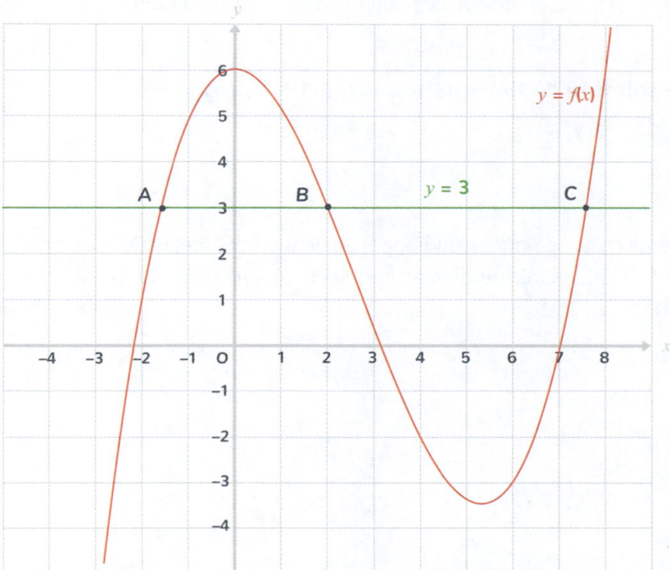

On repère les portions de la courbe situées strictement sous la droite d'équation $y = 3$, puis on détermine à quels intervalles elles correspondent.

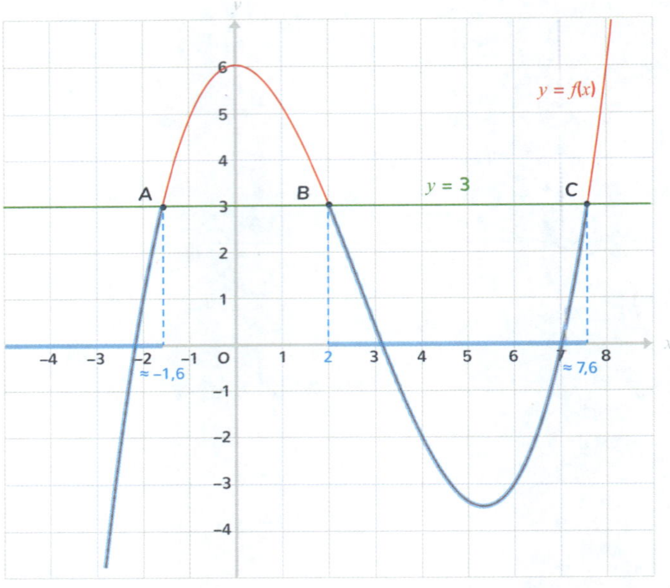

Ici, la courbe est située strictement sous la droite d'équation $y = 3$ lorsque :

$x < -1{,}6$

ou $2 < x < 7{,}6$

Ce sont des valeurs approchées, car la lecture graphique ne permet pas en général d'avoir des valeurs exactes. Ici, on donne des valeurs arrondies au dixième.

Conclusion

L'ensemble solution de l'inéquation est, à 10^{-1} près :

$\boldsymbol{S = \left]-\infty; -1,6\right[\cup \left]2; 7,6\right[}$

Remarque

On utilise le même principe pour résoudre graphiquement des inéquations du type $f(x) > k$, $f(x) \leqslant k$ ou $f(x) \geqslant k$, en faisant bien attention chaque fois s'il faut inclure les bornes des intervalles ou non.

IV Inéquation du type $f(x) < g(x)$

Pour résoudre une inéquation du type $f(x) < g(x)$, on compare les positions relatives des courbes représentatives de *f* et *g*.

Propriété Soient *f* et *g* deux fonctions définies sur un même intervalle *I*, et leurs courbes représentatives.

Soit *x* un nombre réel de l'intervalle *I*.

$f(x) < g(x)$ si et seulement si, pour cette abscisse *x*, la courbe représentative de *f* est située strictement sous la courbe représentative de *g*.

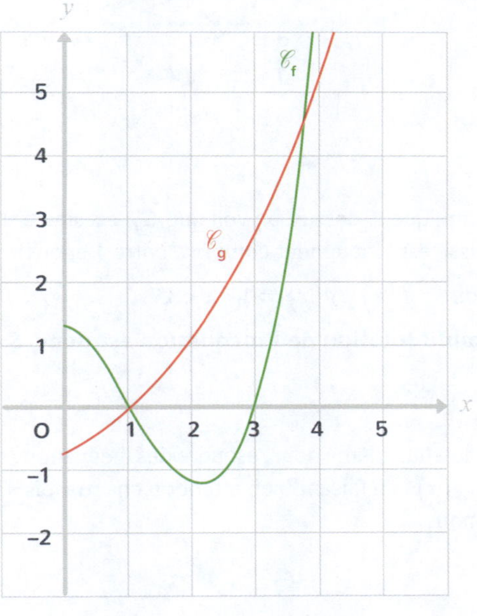

La méthode pour résoudre ce type d'inéquation est la suivante :

1. On trace la courbe représentative de *f*, d'équation $y = f(x)$.
2. On trace la courbe représentative de *g*, d'équation $y = g(x)$.
3. On regarde quelles portions de la courbe de *f* sont situées strictement sous la courbe de *g*.
4. On détermine le(s) intervalle(s) correspondant à ces portions sur l'axe des abscisses.
5. L'ensemble des solutions est l'union de ces intervalles (ou cet intervalle s'il n'y en a qu'un).

■ Exemple

On considère les fonctions f et g dont les courbes représentatives sont données précédemment, et on cherche à résoudre l'inéquation $f(x) < g(x)$ sur l'intervalle $[0;5]$.

Autrement dit, on ne s'intéresse qu'aux solutions comprises entre 0 et 5.

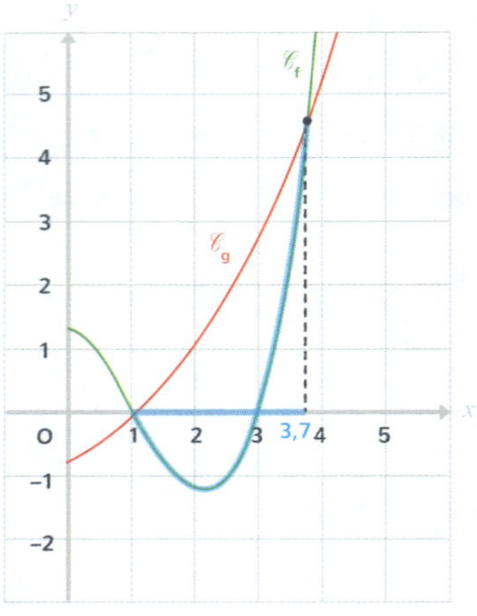

Sur le graphique ci-dessus, on voit que C_f est située strictement sous C_g si et seulement si l'abscisse est strictement comprise entre 1 et environ 3,7.

C'est-à-dire : $f(x) < g(x) \Leftrightarrow 1 < x < 3{,}7$.

L'ensemble solution de l'inéquation est donc $S =]1;3{,}7[$.

Remarque

La méthode est la même pour résoudre des inéquations du type $f(x) \leqslant g(x)$, $f(x) > g(x)$ ou $f(x) \geqslant g(x)$, en faisant bien attention chaque fois s'il faut inclure les bornes des intervalles ou non.

Exercices

Exercice 1

On donne C la courbe représentative de la fonction f et d la droite représentative de la fonction g.

Quelle est l'ensemble des solutions de l'équation de $f(x)=g(x)$?

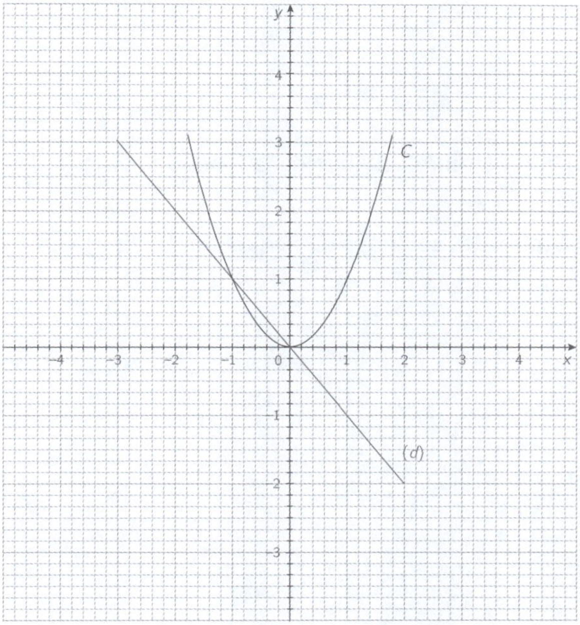

Exercice 2

On donne C la courbe représentative de la fonction f et d la droite représentative de la fonction g.

Quelle est l'ensemble des solutions de l'équation $f(x)=g(x)$?

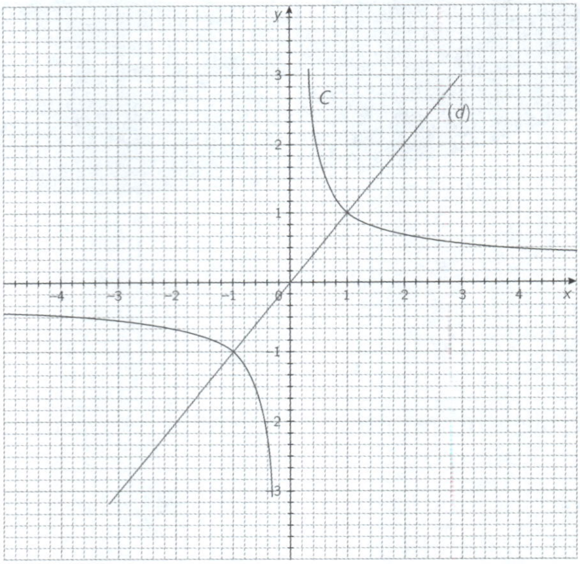

Exercice 3

On donne C_1 la courbe représentative de la fonction *f* et C_2 la courbe représentative de la fonction *g*.

Quelle est l'ensemble des solutions de l'équation de $f(x)=g(x)$?

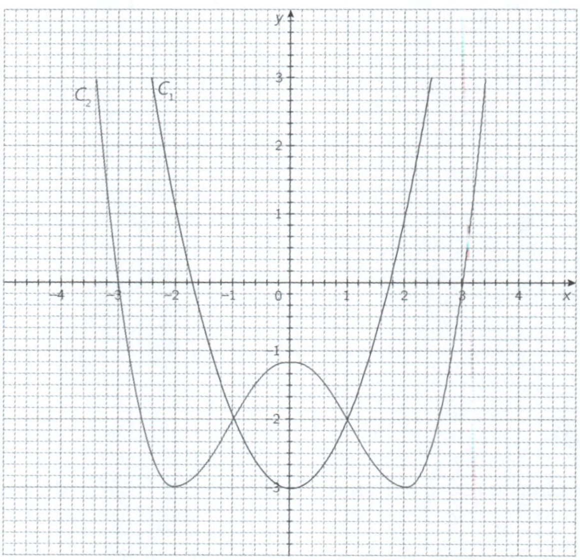

Exercice 4

On donne C_1 la courbe représentative de la fonction f et C_2 la courbe représentative de la fonction g.

Quelle est l'ensemble des solutions de l'équation $f(x) = g(x)$?

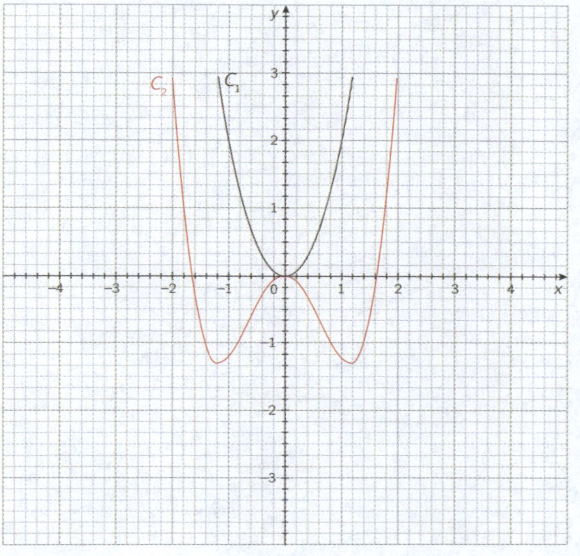

Exercice 5

On donne C_1 la courbe représentative de la fonction f et C_2 la courbe représentative de la fonction g.

Quelle est l'ensemble des solutions de l'équation $f(x) = g(x)$?

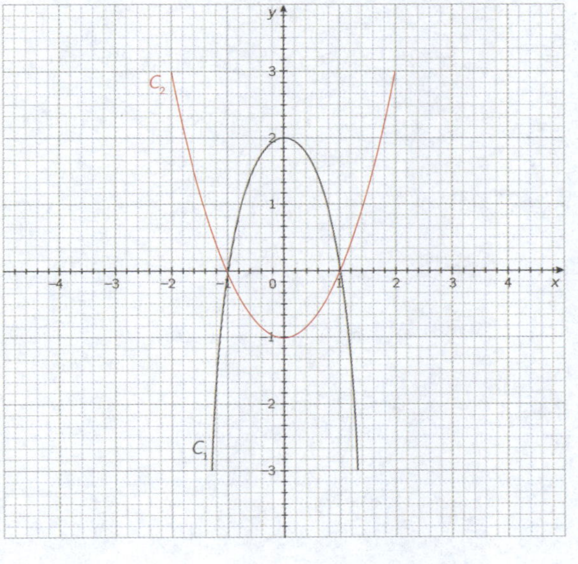

THÈME 3

GÉOMÉTRIE

Chapitre 10

Géométrie dans le plan

I Géométrie dans un triangle

A Droites remarquables d'un triangle

1. Les hauteurs

Définition **Hauteur**

Une hauteur d'un triangle est une droite passant par un sommet et perpendiculaire au côté opposé.

Théorème **Orthocentre**

Les trois hauteurs d'un triangle sont concourantes. Leur point d'intersection est appelé orthocentre du triangle.

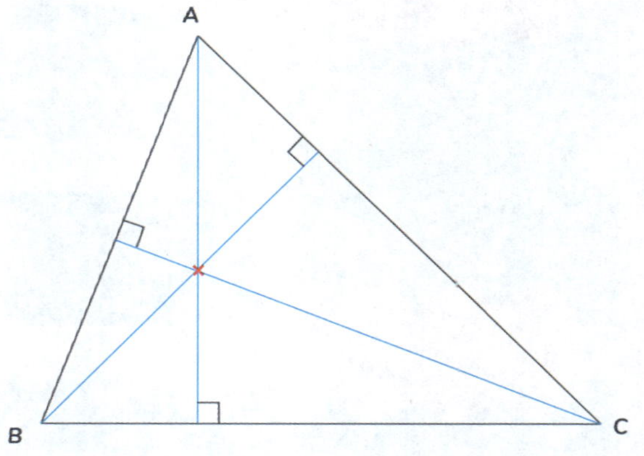

Remarque

Une des hauteurs peut être située « à l'extérieur » du triangle.

2. Les médianes

Définition **Médiane**

Une médiane d'un triangle est une droite passant par un sommet et par le milieu du côté opposé.

Théorème **Centre de gravité du triangle**

Les trois médianes d'un triangle sont concourantes. Leur point d'intersection est appelé centre de gravité du triangle, et est situé aux deux tiers de chaque médiane en partant des sommets respectifs.

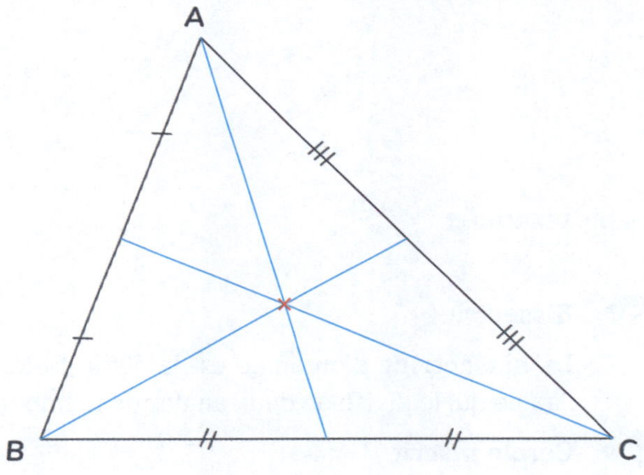

3. Les médiatrices

Définition **Médiatrice**

La médiatrice d'un segment est la droite perpendiculaire au segment passant par son milieu.

Théorème **Cercle circonscrit**

Les médiatrices des trois côtés d'un triangle sont concourantes. Leur point d'intersection est le centre du **cercle circonscrit** au triangle.

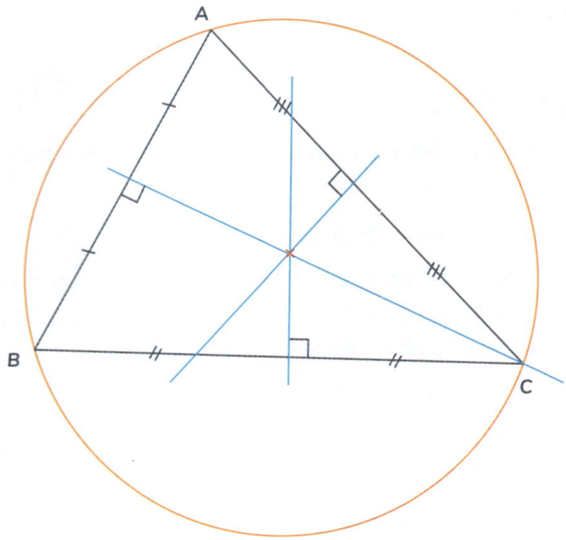

4. Les bissectrices

Définition **Bissectrice**

La bissectrice d'un angle est la demi-droite partant du sommet de l'angle qui le divise en deux angles de même mesure.

Théorème **Cercle inscrit**

Les bissectrices des trois angles d'un triangle sont concourantes. Leur point d'intersection est le centre du **cercle inscrit** dans le triangle.

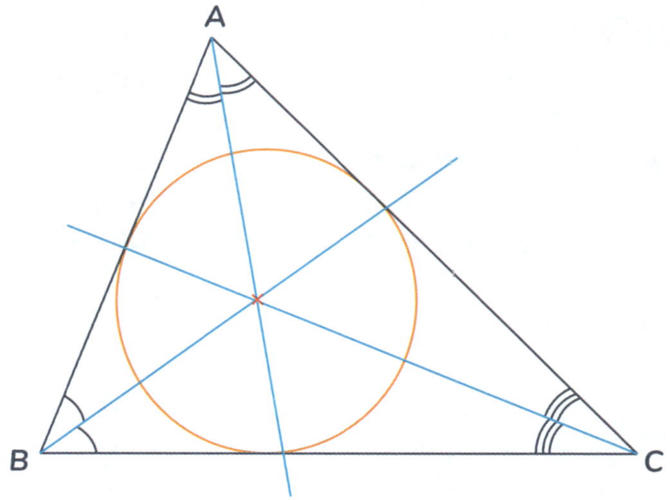

B Triangle rectangle

Théorème **Théorème de Pythagore**

Si le triangle *ABC* est rectangle en *A*, alors :

$$AB^2 + AC^2 = BC^2$$

■ Exemple

On considère ici un triangle *ABC* rectangle en *C*.

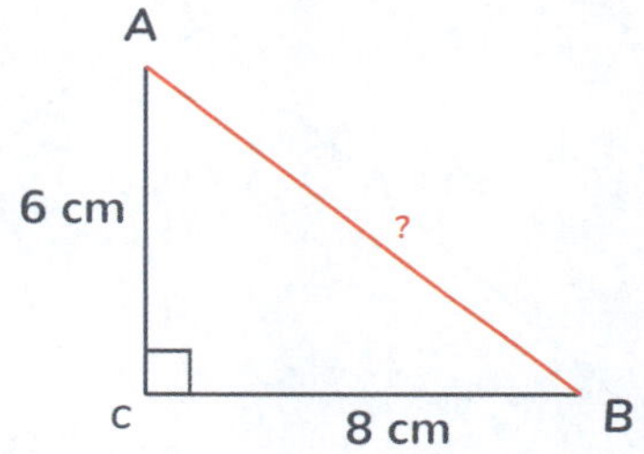

Dans le triangle *ABC* rectangle en *C* :

$AB^2 = AC^2 + BC^2 = 6^2 + 8^2 = 36 + 64 = 100 = 10^2$

On en déduit que :

$AB = 10$ cm

Théorème **Réciproque du théorème de Pythagore**

Si, dans un triangle *ABC*, l'égalité $BC^2 = AB^2 + AC^2$ est vérifiée, alors le triangle *ABC* est rectangle en *A*.

■ Exemple

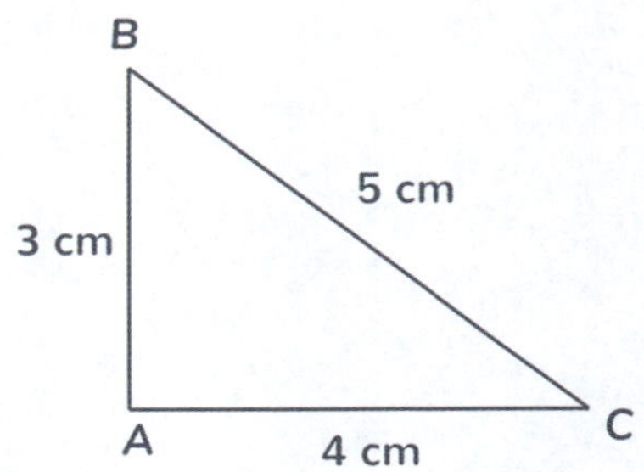

D'une part : $BC^2 = 5^2 = 25$.

D'autre part : $AB^2 + AC^2 = 3^2 + 4^2 = 9 + 16 = 25$.

Par conséquent :

$BC^2 = AB^2 + AC^2$

Donc, d'après la réciproque du théorème de Pythagore, on peut affirmer que le triangle ABC est rectangle en A.

Théorème **Médiane issue de l'angle droit**

Si ABC est un triangle rectangle en A alors la longueur de sa médiane issue du sommet A est égale à la moitié de son hypoténuse.

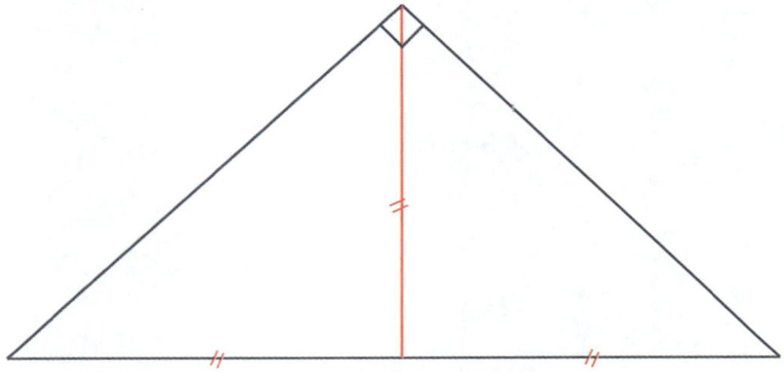

Théorème **Médiane issue de l'angle droit : réciproque**

Réciproquement, si la longueur de la médiane issue du sommet A du triangle ABC est égale à la moitié de la longueur du côté opposé, alors le triangle ABC est rectangle en A.

Théorème **Cercle circonscrit**

Le cercle circonscrit à un triangle rectangle a pour diamètre son hypoténuse.

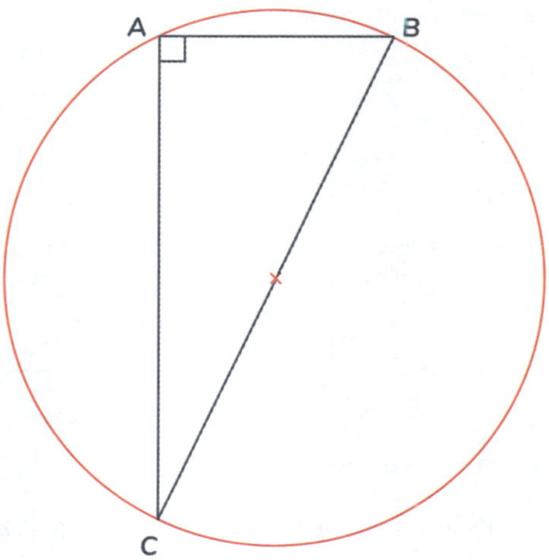

Théorème **Cercle circonscrit : réciproque**

Réciproquement, si le cercle circonscrit à un triangle a pour diamètre un de ses côtés, alors le triangle est rectangle.

C Trigonométrie

Propriété Soit ABC un triangle rectangle en B. On appelle α une mesure de l'angle $\widehat{BAC}$.

On rappelle les formules trigonométriques suivantes :

$$\cos(\alpha) = \frac{\text{côté adjacent}}{\text{hypoténuse}} = \frac{AB}{AC}$$

$$\sin(\alpha) = \frac{\text{côté opposé}}{\text{hypoténuse}} = \frac{BC}{AC}$$

$$\tan(\alpha) = \frac{\text{côté opposé}}{\text{côté adjacent}} = \frac{BC}{AB}$$

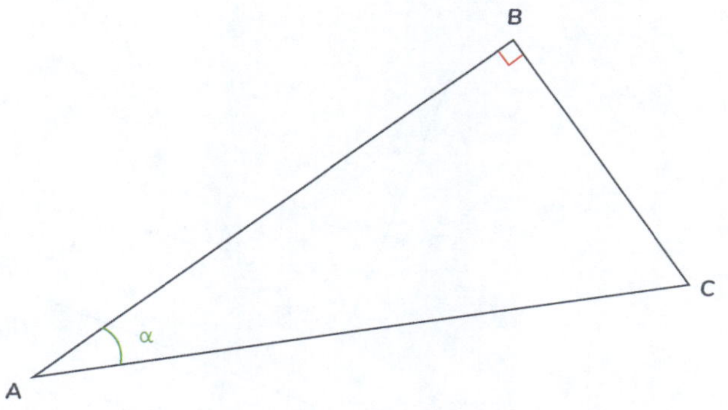

À l'aide des deux premières, on déduit :

$AB = AC \times \cos(\alpha)$ et $BC = AC \times \sin(\alpha)$

Donc, dans le cas particulier où l'hypoténuse AC a pour longueur 1, on a :

$AB = 1 \times \cos(\alpha) = \cos(\alpha)$

$BC = 1 \times \sin(\alpha) = \sin(\alpha)$

Propriété Soient ABC un triangle rectangle en B et α une mesure de l'angle $\widehat{BAC}$.

On a $\cos^2(\alpha) + \sin^2(\alpha) = 1$.

Démonstration

$AB = AC \times \cos(\alpha)$

et $BC = AC \times \sin(\alpha)$

Donc :

$AC^2 = (AC \times \cos(\alpha))^2 + (AC \times \sin(\alpha))^2 = AC^2 \cos^2(\alpha) + AC^2 \sin^2(\alpha)$

En divisant par AC^2, on retrouve :

$1 = \cos^2(\alpha) + \sin^2(\alpha)$

II Projeté orthogonal

Définition **Projeté orthogonal d'un point sur une droite**

Soient A un point du plan et (d) une droite du plan.

Le projeté **orthogonal** de A sur (d) est le point H appartenant à (d) tel que :

$$(AH) \perp (d)$$

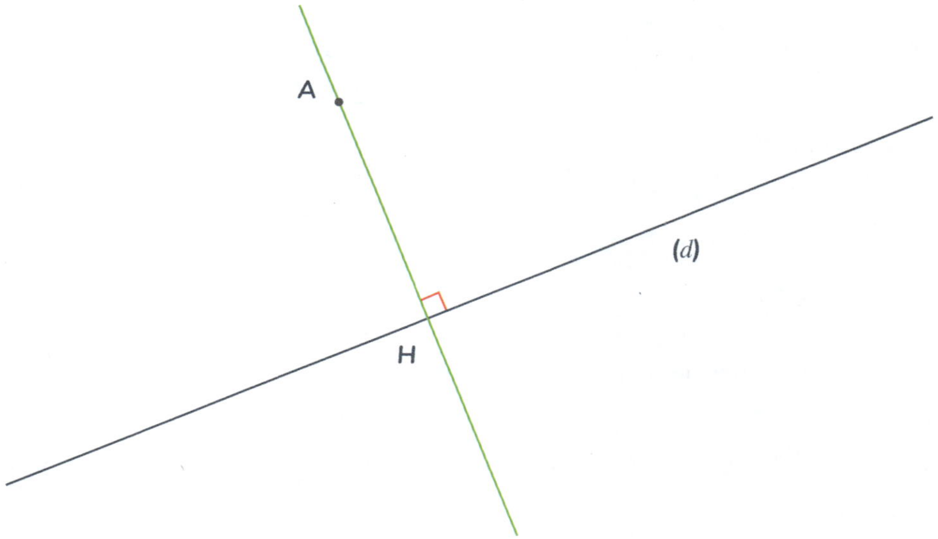

Remarque

Si M appartient à la droite (d), son projeté orthogonal sur (d) est lui-même.

Théorème **Projeté orthogonal et distance à une droite**

Le projeté orthogonal d'un point A sur une droite (d) est le point de la droite (d) le plus proche de A.

Démonstration

Ce théorème découle du théorème de Pythagore.

Soient A un point du plan et (d) une droite du plan.

- **Cas 1**

  Si $A \in (d)$

  Si $A \in (d)$, son projeté est lui-même, c'est donc bien le point de la droite le plus proche de A.

- **Cas 2**

  Si $A \notin (d)$

  Soient H le projeté orthogonal de A sur (d) et M un point quelconque de la droite (d).

  Le triangle AHM est alors rectangle en H.

  On peut donc appliquer le théorème de Pythagore dans ce triangle, c'est-à-dire :

  $AM^2 = AH^2 + HM^2$

  Les distances étant positives, elles sont rangées dans le même ordre que leurs carrés, donc comparer les distances revient à comparer leurs carrés.

  On cherche à avoir la valeur la plus petite possible de AM, donc de AM^2.

  Or, la distance AH est fixée, donc AH^2 aussi.

  On cherche donc à minimiser HM^2, c'est-à-dire la distance HM.

  Or, la plus petite valeur possible de la distance HM est 0, atteinte quand $M = H$.

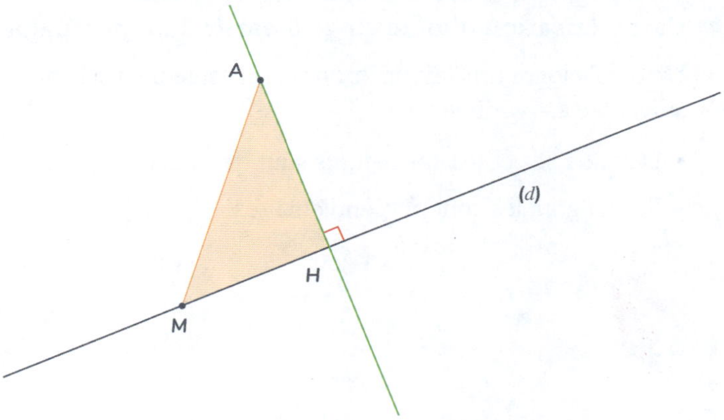

Conclusion

La distance AM est donc minimale quand $M = H$.

***H* est le point de la droite le plus proche de *A*.**

III Quadrilatères

A Parallélogramme

Théorème **Caractérisation d'un parallélogramme**

Un quadrilatère non croisé est un parallélogramme, si et seulement si l'une des propriétés suivantes est vérifiée :

- Ses côtés opposés sont parallèles deux à deux.
- Ses côtés opposés sont deux à deux de même longueur.
- Deux de ses côtés sont parallèles et de même longueur.
- Ses diagonales se coupent en leur milieu.

B Losange

Théorème **Caractérisation d'un losange à partir d'un quadrilatère quelconque**

Un quadrilatère non croisé est un losange si et seulement si tous ses côtés sont de même longueur.

Théorème **Caractérisation d'un losange à partir d'un parallélogramme**

Un parallélogramme est un losange si et seulement si l'une des propriétés suivantes est vérifiée :

- Deux de ses côtés consécutifs sont de même longueur.
- Ses diagonales sont perpendiculaires.

C Rectangle

Théorème **Caractérisation d'un rectangle à partir d'un quadrilatère quelconque**

Un quadrilatère est un rectangle si et seulement s'il possède trois angles droits.

Théorème **Caractérisation d'un rectangle à partir d'un parallélogramme**

Un parallélogramme est un rectangle si et seulement si l'une des propriétés suivantes est vérifiée :

- Un de ses angles est droit.
- Ses diagonales sont de même longueur.

D Carré

Théorème **Caractérisation d'un carré**

Si un quadrilatère est à la fois losange et rectangle, alors ce quadrilatère est un carré.

IV Aires et volumes

A Aires

1. Triangle

Théorème **Aire d'un triangle**

L'aire A d'un triangle est égale à la moitié du produit d'une hauteur par la longueur de la base correspondante.

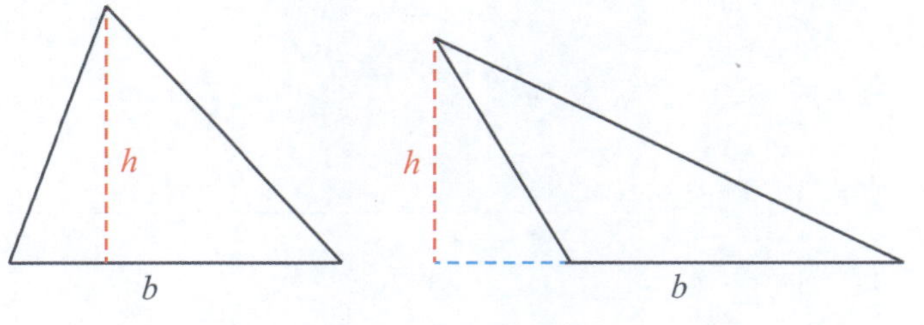

Remarque
Un triangle possédant trois hauteurs, il existe trois calculs possibles de son aire.

2. Quadrilatères

Théorème **Aire d'un parallélogramme**

L'aire A d'un parallélogramme est égale au produit de la base par la hauteur :

$$A = B \times h$$

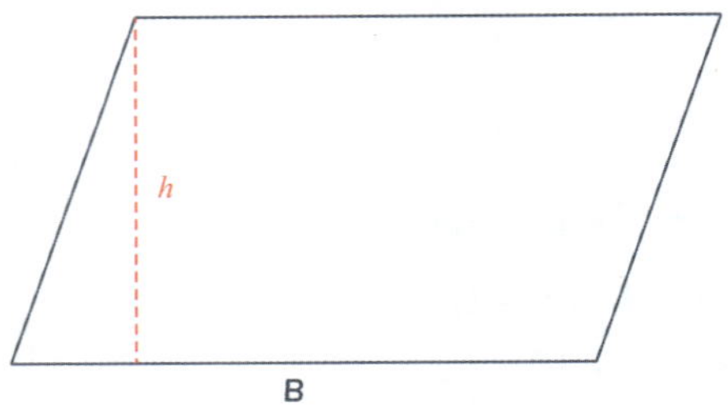

Remarque

Les losanges, rectangles et carrés sont des parallélogrammes.

Théorème **Aire d'un trapèze**

L'aire A d'un trapèze est égale à la moitié du produit de la hauteur par la somme des bases :

$$A = \frac{h(b+B)}{2}$$

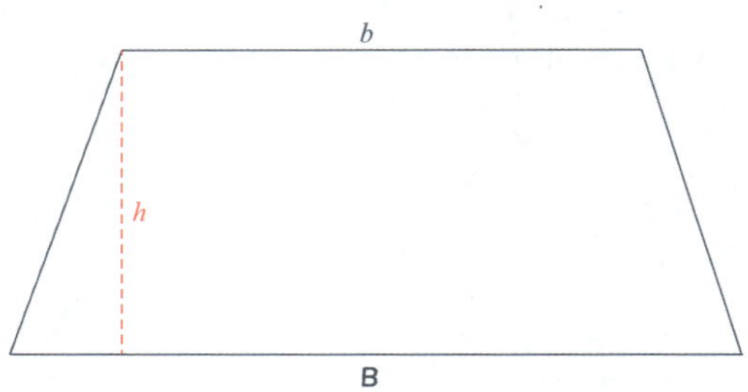

3. Disque

Théorème **Aire d'un disque**

L'aire A d'un disque de rayon R est égale à :

$$A = \pi R^2$$

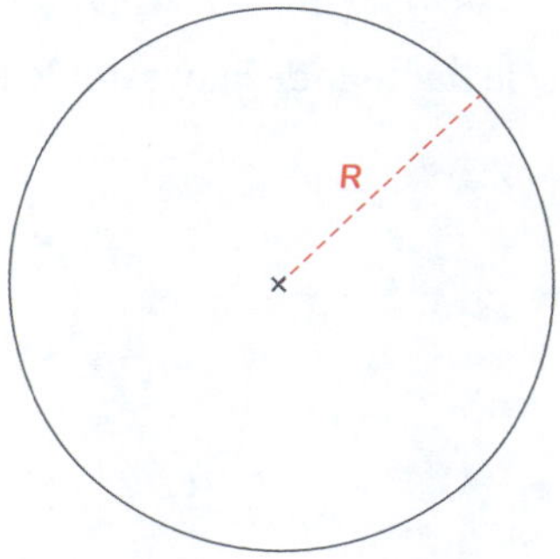

B Volumes

1. Volume d'un parallélépipède

Théorème **Volume d'un parallélépipède**

Le volume V d'un parallélépipède rectangle est égal à :

$$V = L \times l \times h$$

Exemple

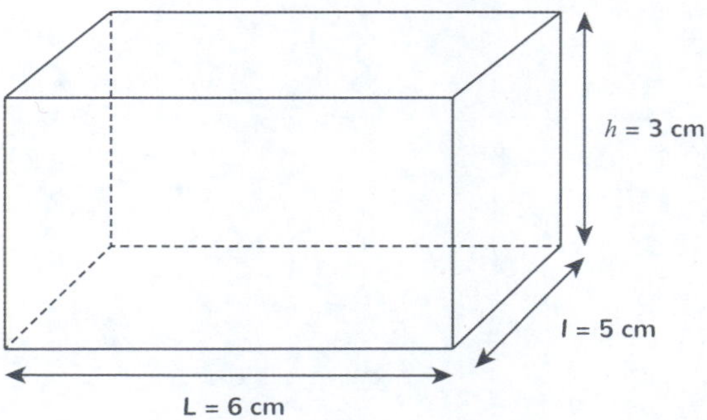

Le volume de ce parallélépipède rectangle est égal à :

$V = 6 \times 5 \times 3 = 90\ \text{cm}^3$

2. Volume d'une pyramide

Théorème **Volume d'une pyramide**

Le volume V d'une pyramide est égal à :

$$V = \frac{1}{3} \times h \times B$$

Où h est la hauteur de la pyramide et B l'aire de la base correspondante.

Exemple

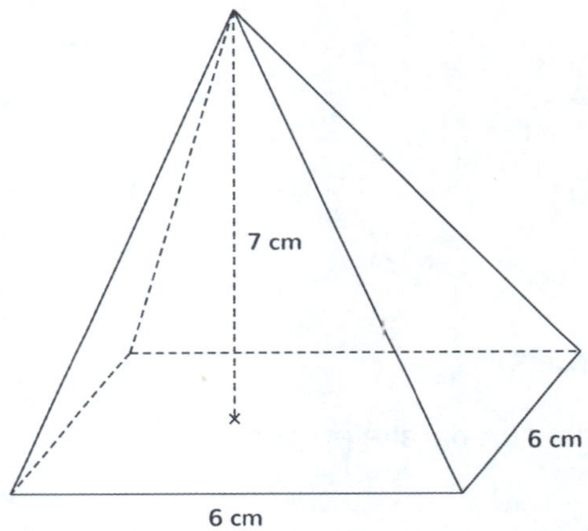

La pyramide à base carrée ci-dessus a pour volume :

$V = \frac{1}{3} \times 7 \times (6 \times 6) = 84 \text{ cm}^3$

3. Volume d'un cylindre

Théorème **Volume d'un cylindre de révolution**

Le volume V d'un cylindre de révolution est égal à :

$$V = h \times \pi R^2$$

■ Exemple

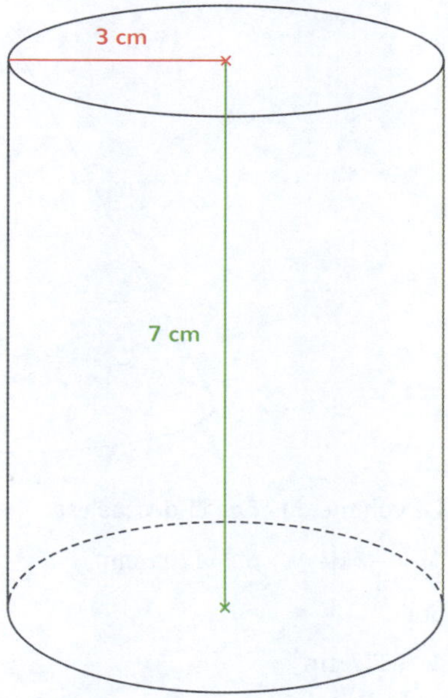

Le volume V du cylindre de révolution ci-dessus est égal à :

$V = \pi \times 3^2 \times 7 = \pi \times 9 \times 7 = 63\pi \text{ cm}^3$

4. Volume d'un cône

Théorème **Volume d'un cône**

Le volume V d'un cône de révolution est égal à :

$$V = \frac{1}{3} \times h \times \pi R^2$$

Exemple

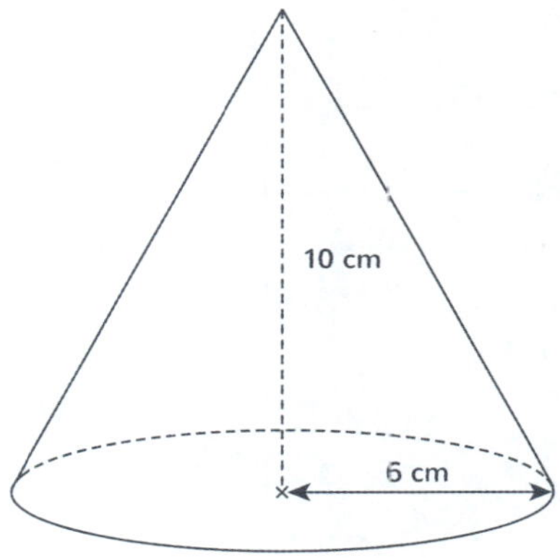

Le volume du cône ci-dessus est :

$V = \frac{1}{3} \times 10 \times \pi \times 6^2 = 120\pi \text{ cm}^3$

Soit :

$V \approx 377 \text{ cm}^3$

5. Volume d'une boule

Théorème **Volume d'une boule**

Le volume V d'une boule de rayon R est égal à :

$$V = \frac{4}{3} \times \pi R^3$$

■ Exemple

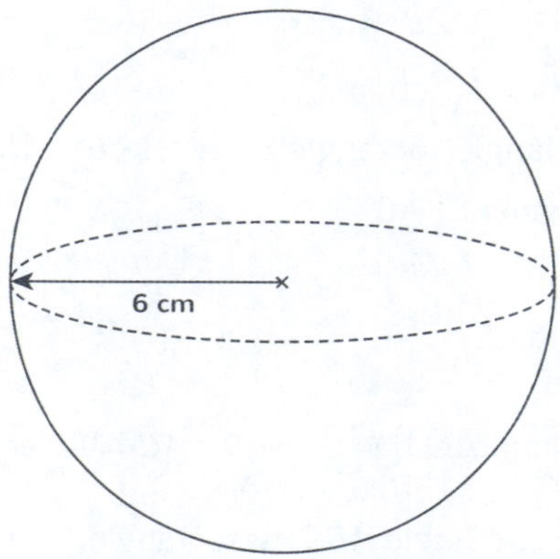

Le volume de la boule ci-dessus est :

$$V = \frac{4}{3} \times \pi \times 6^3 = \frac{864}{3}\pi = 288\pi \text{ cm}^3$$

Exercices

Exercice 1

Soit ABC un triangle rectangle en A tel que $AB = 20$ et $BC = 29$. Quelle est la longueur du segment $[AC]$?

Exercice 2

Soit ABC un triangle tel que $AB = 5$, $AC = 12$ et $BC = 13$.

1. Montrer que le triangle ABC est rectangle.
2. Déterminer une valeur approchée au dixième de $\widehat{ABC}$.

Exercice 3

Soit ABC un triangle tel que $AB = 10$ cm, $AC = 24$ cm et $BC = 26$ cm. On note H le projeté orthogonal du point A sur le segment $[BC]$.

1. Montrer que le triangle ABC est rectangle.
2. Quelle est la longueur du segment $[AH]$? On arrondi à 10^{-2}.

Exercice 4

Quelle est l'aire A d'un disque de rayon 3 cm ?

Chapitre 11

Vecteurs

I Définitions et notations

A Définition d'un vecteur

Soient A et B deux points du plan.

Le vecteur $\overrightarrow{AB}$ est défini par :

- sa **direction** : celle de la droite (AB) ;
- son **sens** : il va de A vers B ;
- sa **norme** : c'est la longueur AB du segment $[AB]$.

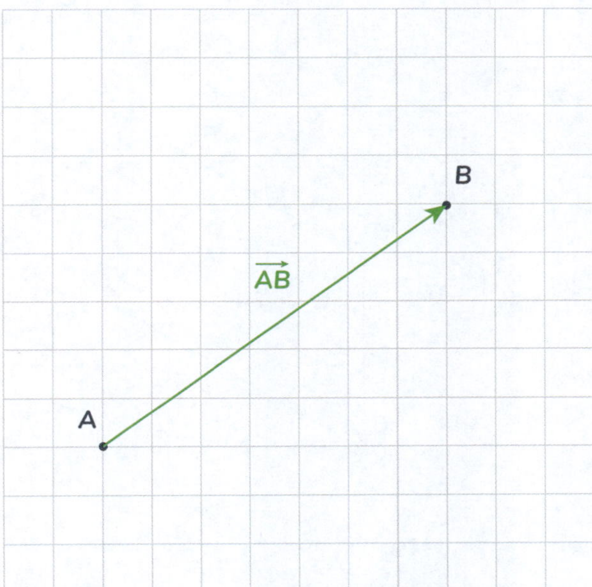

Remarque

Le vecteur $\overrightarrow{AB}$ est associé à la translation qui transforme A en B.

Piège

On confond parfois la direction et le sens d'un vecteur.

La direction est celle de la droite qui porte le vecteur.

Tandis que le sens détermine le point de départ et le point d'arrivée, il est indiqué par la pointe de la flèche. Autrement dit, le sens est celui dans lequel on parcourt la droite.

B Vecteurs égaux

Contrairement à un point, un vecteur n'est pas fixe dans le plan. Tant que l'on garde la **même direction**, le **même sens** et la **même norme**, c'est le **même vecteur**.

Propriété Deux vecteurs sont égaux si et seulement s'ils ont :

- le même sens ;
- la même direction ;
- la même norme.

Propriété Deux vecteurs $\overrightarrow{AB}$ et $\overrightarrow{CD}$ sont égaux si et seulement si $ABDC$ est un parallélogramme.

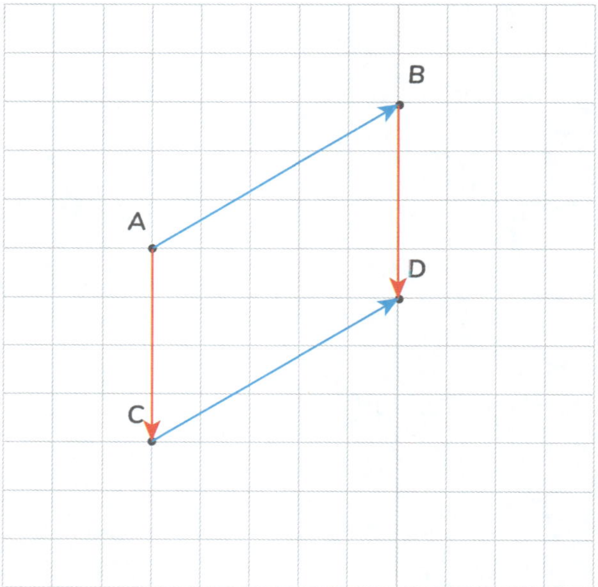

Remarque
Dans ce cas, les vecteurs $\overrightarrow{AC}$ et $\overrightarrow{BD}$ sont aussi égaux.

Il arrive qu'un vecteur ne soit pas relié à deux points que l'on connaît et que l'on peut nommer.

Dans ce cas, on utilise une lettre surmontée d'une flèche pour désigner le vecteur.

Exemple

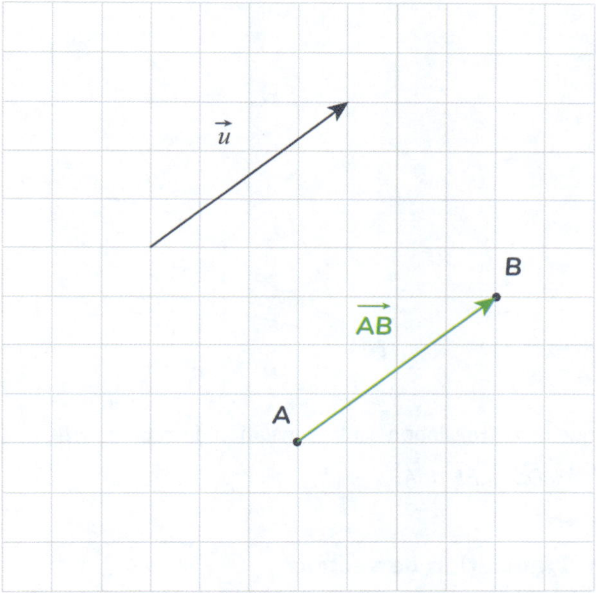

Sur le schéma ci-dessus, les vecteurs $\vec{u}$ et $\overrightarrow{AB}$ sont égaux, car ils ont la même direction, la même longueur, et le même sens.

C Norme

$\|\vec{u}\|$ désigne la norme du vecteur $\vec{u}$.

Propriété Pour tous points A et B, $\|\overrightarrow{AB}\| = AB$.

D Lien avec la translation

On a vu au collège que la translation qui transforme A en B consiste à faire glisser chaque point d'une figure dans la même direction, dans le même sens et de la même distance que pour passer de A à B.

■ Exemple

Le triangle $C'D'E'$ est l'image du triangle CDE par la translation qui transforme A en B.

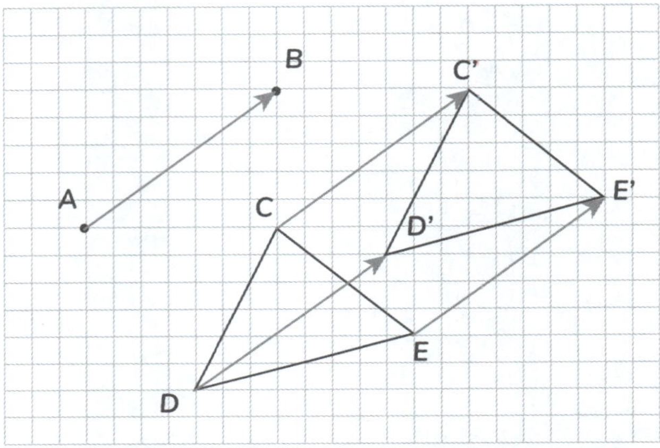

On dit que cette translation est la translation de vecteur $\overrightarrow{AB}$.

On a $\overrightarrow{CC'} = \overrightarrow{DD'} = \overrightarrow{EE'} = \overrightarrow{AB}$.

Définition **Translation de vecteur**

La translation de vecteur $\overrightarrow{AB}$ est la translation qui à tout point M associe le point M' tel que $\overrightarrow{MM'} = \overrightarrow{AB}$.

E Vecteur nul

Définition **Vecteur nul**

Un vecteur de norme zéro est appelé **vecteur nul** et noté $\vec{0}$.

■ Exemple

Quel que soit le point A du plan, on a $\overrightarrow{AA} = \vec{0}$, donc $\overrightarrow{AA}$ est un vecteur nul.

Propriété Le vecteur nul est le seul vecteur qui n'a ni sens ni direction.

II Calculs avec les vecteurs

A Opposé d'un vecteur

Définition **Opposé d'un vecteur**

Soit $\vec{u}$ un vecteur du plan.

L'opposé du vecteur $\vec{u}$ est un vecteur qui a même direction et même norme que le vecteur $\vec{u}$ mais de sens contraire.

On le note $-\vec{u}$.

Propriété Soient A et B deux points du plan.

Le vecteur $\overrightarrow{BA}$ est l'opposé du vecteur $\overrightarrow{AB}$.

On note $\overrightarrow{BA} = -\overrightarrow{AB}$.

B Somme de deux vecteurs

Additionner deux vecteurs revient à enchaîner deux translations. Ainsi :

Soient $\vec{u}$ et $\vec{v}$ deux vecteurs du plan.

Appliquer la translation de vecteur $\vec{w} = \vec{u} + \vec{v}$ revient à enchaîner la translation de $\vec{u}$ et la translation de vecteur $\vec{v}$.

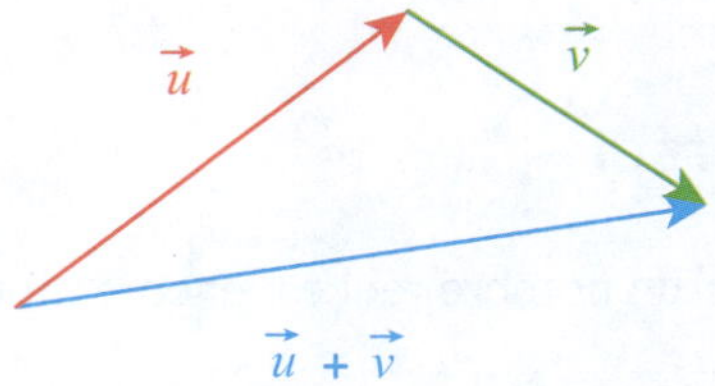

■ **Exemple**

Soit le parallélogramme $ABDC$.

Le vecteur reliant les points A et D est en fait la somme des vecteurs $\overrightarrow{AB}$ et $\overrightarrow{AC}$.

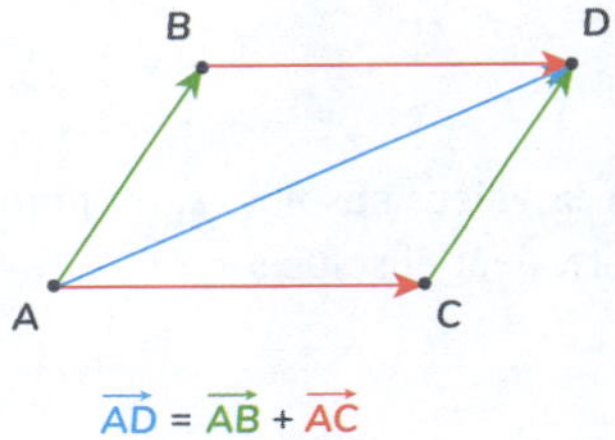

C Relation de Chasles

Théorème **Relation de Chasles**

Soient A et B deux points du plan.

Quel que soit le point M du plan, on a : $\overrightarrow{AB} = \overrightarrow{AM} + \overrightarrow{MB}$

Exemple

Sur la figure suivante :

$\overrightarrow{AC} = \overrightarrow{AB} + \overrightarrow{BC} = \overrightarrow{AD} + \overrightarrow{DC} = \overrightarrow{AE} + \overrightarrow{EC} = \overrightarrow{AM} + \overrightarrow{MC}$

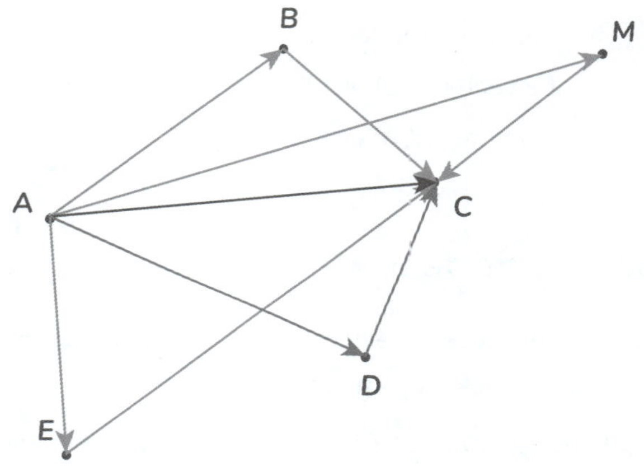

D Produit par un réel

Le produit d'un vecteur par un nombre réel est encore un vecteur.

Propriété Multiplier un vecteur par un nombre réel k non nul :

- ne change pas sa direction ;
- multiplie sa norme par $|k|$;
- change son sens si $k < 0$, conserve le sens si $k > 0$.

Remarque

Pour plus d'informations sur la valeur absolue $|k|$ du nombre réel k, on se reportera au chapitre « Droites des réels et valeur absolue ».

Exemple

$\overrightarrow{CD} = 2 \times \overrightarrow{AB}$

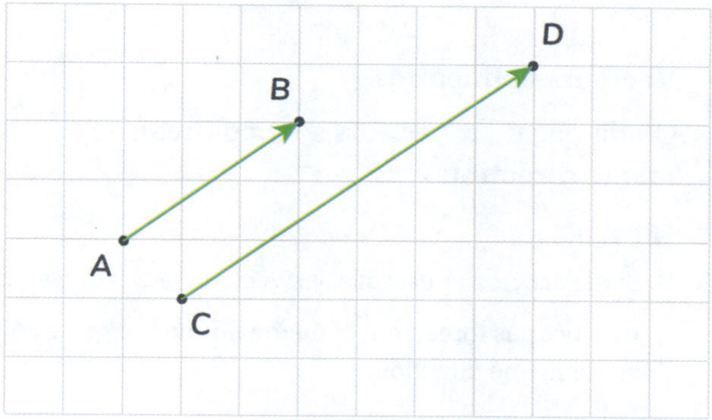

Les vecteurs $\overrightarrow{CD}$ et $\overrightarrow{AB}$ ont :

- la **même direction** : les droites (AB) et (CD) sont **parallèles** ;
- le **même sens**, car on multiplie par un nombre **positif** ;

Exemple

$DC = 2 \times AB$

$\overrightarrow{DC} = -2 \times \overrightarrow{AB}$

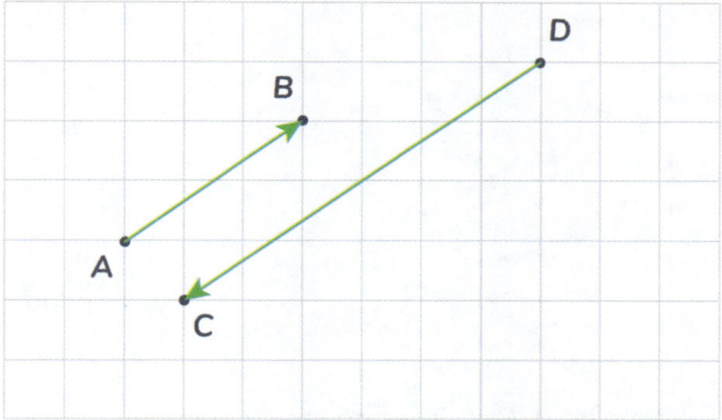

Les vecteurs $\overrightarrow{DC}$ et $\overrightarrow{AB}$ ont :

- la **même direction** : les droites (AB) et (DC) sont **parallèles** ;
- le **sens opposé**, car on multiplie par un nombre **négatif**.

$DC = |-2| \times AB = 2 \times AB$

E Colinéarité de deux vecteurs

1. Définition

Définition **Vecteurs colinéaires**

On dit que deux vecteurs sont **colinéaires** si et seulement s'ils ont la **même direction**.

Exemple

Sur le schéma ci-dessous, les vecteurs $\overrightarrow{AB}$, $\overrightarrow{CD}$ et $\vec{w}$ sont colinéaires.

Ils n'ont pas forcément la même norme (longueur) ni le même sens mais ils ont la même direction.

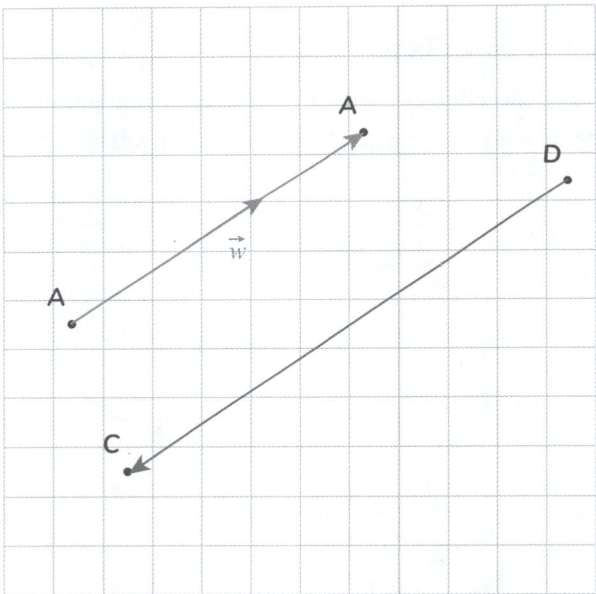

Propriété Soient A, B, C et D des points du plan.

Les vecteurs $\overrightarrow{AB}$ et $\overrightarrow{CD}$ sont colinéaires si et seulement si les droites (AB) et (CD) sont parallèles.

Propriété Soient A, B, C et D des points du plan.

Les vecteurs $\overrightarrow{AB}$ et $\overrightarrow{AC}$ sont colinéaires si et seulement si les points A, B et C sont alignés.

En effet, les vecteurs $\overrightarrow{AB}$ et $\overrightarrow{AC}$ sont colinéaires si et seulement si les droites (AB) et (AC) sont parallèles. Or, elles ont un point commun qui est A.

Donc si (AB) et (AC) sont parallèles, alors elles sont confondues et les trois points sont alignés.

2. Caractérisation de la colinéarité

Théorème Soient $\vec{u}$ et $\vec{v}$ deux vecteurs.

$\vec{u}$ et $\vec{v}$ sont colinéaires si et seulement s'il existe un nombre réel k tel que $\vec{u} = k\vec{v}$.

Exemple

Soient $\vec{u}$ et $\vec{v}$ deux vecteurs tels que $\vec{u} = \frac{1}{2}\vec{v}$.

Alors $\vec{u}$ et $\vec{v}$ sont colinéaires.

III Vecteurs dans un repère

A Repère du plan

1. Repère

Soient O un point du plan et $\vec{i}$ et $\vec{j}$ des vecteurs du plan **non colinéaires**.

O, $\vec{i}$ et $\vec{j}$ définissent un repère du plan noté $(O;i;j)$.

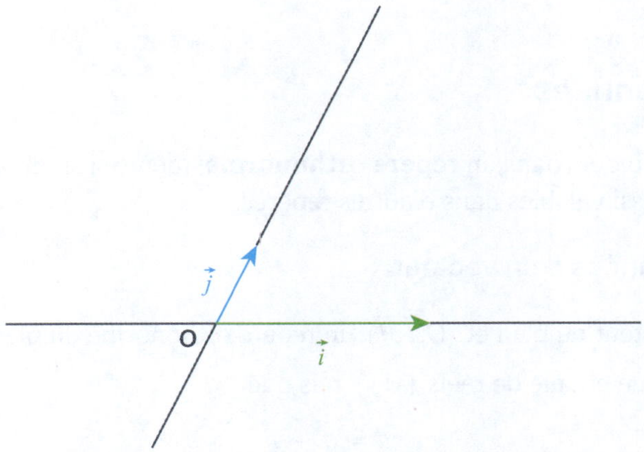

2. Base orthonormée

Définition **Base orthonormée**

On appelle **base orthonormée** un couple de deux vecteurs $(\vec{i};\vec{j})$ du plan tels que :

- $\vec{i}$ et $\vec{j}$ ont **des directions orthogonales** ;
- $\vec{i}$ et $\vec{j}$ ont **la même norme**.

Définition **Repère orthonormé**

Un repère $(O;\vec{i};\vec{j})$ tel que les vecteurs $\vec{i}$ et $\vec{j}$ forment une base orthonormée est appelé un **repère orthonormé**.

■ Exemple

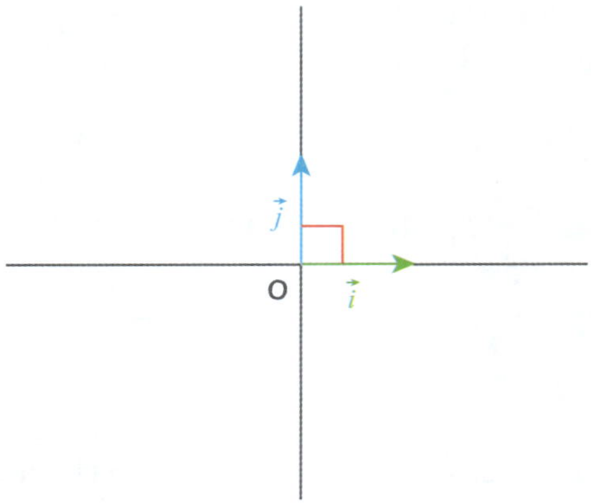

B Coordonnées

On se placera toujours dans un **repère orthonormé**, même si la plupart des résultats énoncés sont aussi valables dans d'autres repères.

1. Coordonnées d'un vecteur

Soient $\vec{u}$ un vecteur du plan et $(O;\vec{i};\vec{j})$ un repère orthonormé du plan.

Il existe un unique couple de réels $(x;y)$ tels que :

$$\vec{u} = x\vec{i} + y\vec{j}$$

On appelle ce couple $(x;y)$ les **coordonnées** de $\vec{u}$ dans le repère $(O;\vec{i};\vec{j})$.

- x est **l'abscisse** de $\vec{u}$.
- y est **l'ordonnée** de $\vec{u}$.

On notera $\vec{u}(x; y)$.

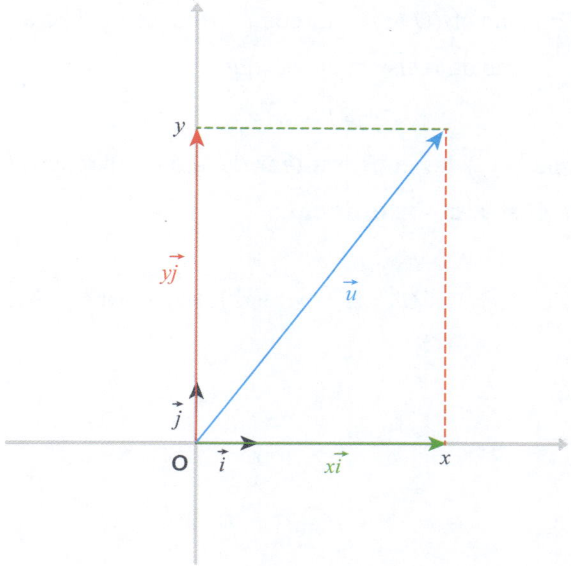

Exemple
Dire que les coordonnées de $\vec{u}$ sont $(5;-2)$ veut dire que $\vec{u} = 5\vec{i} - 2\vec{j}$.

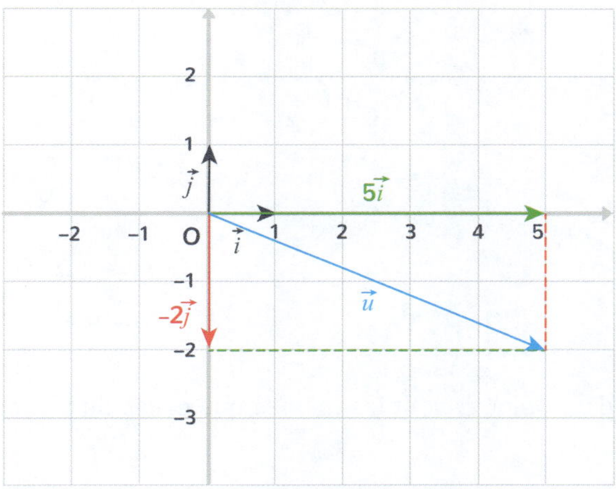

Remarque

Les coordonnées du vecteur $\vec{u}$ sont parfois notées $\vec{u}\begin{pmatrix} x \\ y \end{pmatrix}$.

2. Coordonnées d'un point

Soient un point M du plan et $(O;\vec{i};\vec{j})$ un repère orthonormé du plan.

Il existe un unique couple de réels $(x;y)$ tels que :

$$\overrightarrow{OM} = x\vec{i} + y\vec{j}$$

On appelle ce couple $(x;y)$ les **coordonnées** de M dans le repère $(O,\vec{i},\vec{j})$.

x est **l'abscisse** de M et y est son **ordonnée**.

Exemple

Dans un repère $(O,\vec{i},\vec{j})$ si $\overrightarrow{OA} = 2\vec{i} + 3\vec{j}$ alors les coordonnées de A sont $(2;3)$.

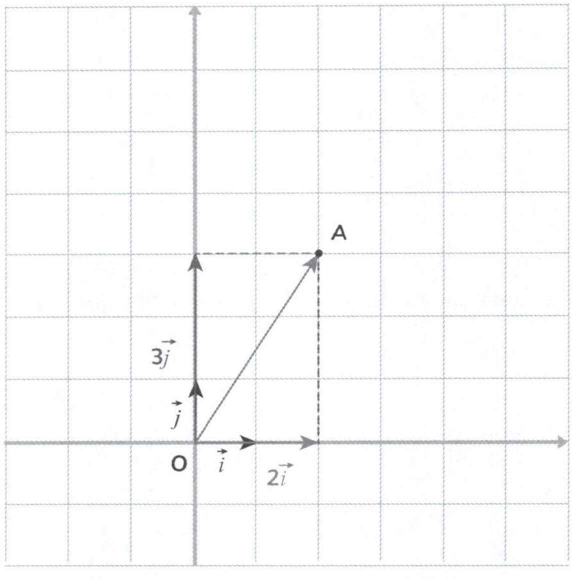

À retenir

Les coordonnées d'un point M sont les mêmes que celles du vecteur $\overrightarrow{OM}$, où O est l'origine du repère.

3. Somme de vecteurs

Propriété Soient $\vec{u}(x;y)$ et $\vec{v}(x';y')$ deux vecteurs du plan.

Soit $\vec{w}=\vec{u}+\vec{v}$.

Pour obtenir les coordonnées de $\vec{w}$, on additionne les coordonnées de $\vec{u}$ et $\vec{v}$:

$$\vec{w}(x+x';y+y')$$

Exemple

Soients $\vec{u}(4;3)$ et $\vec{v}(3;-2)$ des vecteurs du plan.

Le vecteur $\vec{u}+\vec{v}$ a pour coordonnées $(4+3;3+(-2))$, c'est-à-dire $(7;1)$.

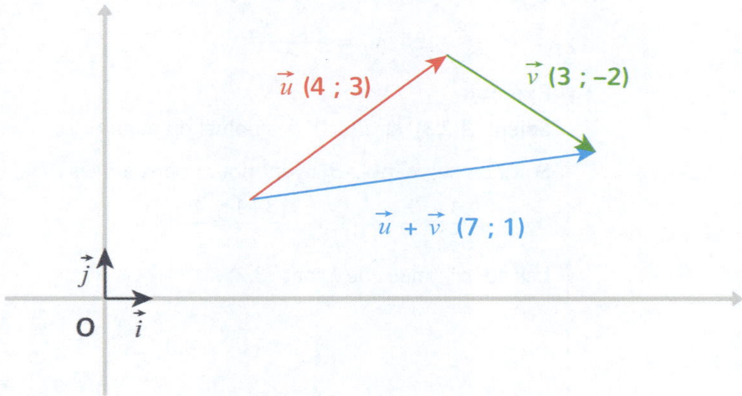

4. Produit d'un vecteur par un réel

Propriété Soit $\vec{u}(x;y)$ un vecteur du plan.

Soit k un nombre réel.

Pour obtenir les coordonnées du vecteur $k\vec{u}$, on multiplie chaque coordonnée de $\vec{u}$ par k.

Autrement dit, les coordonnées du vecteur $k\vec{u}$ sont $(kx;ky)$.

Exemple

Soit $\vec{u}(4;3)$ un vecteur du plan.

Le vecteur $2\vec{u}$ a pour coordonnées $(2\times4;2\times3)$, c'est-à-dire $(8;6)$.

Propriété Deux vecteurs sont colinéaires si et seulement si leurs coordonnées sont proportionnelles.

Exemple

Soient $\vec{u}(4;3)$ et $\vec{v}(8;6)$ deux vecteurs du plan.

$\vec{u}$ et $\vec{v}$ sont colinéaires car $\frac{8}{4}=\frac{6}{3}=2$.

5. Milieu d'un segment

Propriété Soient $A(x_a;y_a)$ et $B(x_b;y_b)$ des points du plan.

Soit $I(x_I;y_I)$ le milieu du segment $[AB]$.

I a pour coordonnées :

$$x_I=\frac{x_a+x_b}{2} \text{ et } y_I=\frac{y_a+y_b}{2}$$

Exemple

Soient $A(2;3)$ et $B(4;1)$ des points du plan.

Soit I du segment $[AB]$ ayant pour coordonnées :

$$x_I=\frac{2+4}{2}=\frac{6}{2}=3 \text{ et } y_I=\frac{3+1}{2}=\frac{4}{2}=2$$

Les coordonnées de I sont $(3;2)$.

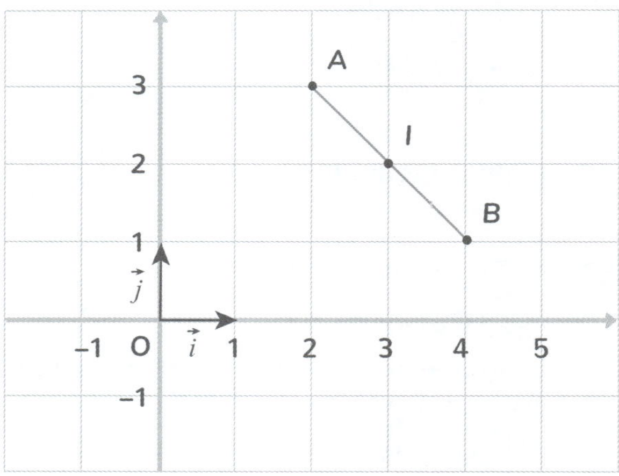

Remarque

On peut utiliser les vecteurs pour démontrer ce résultat déjà connu. Sur la figure suivante, $OACB$ est un parallélogramme de centre I et on a $\overrightarrow{OI}=\frac{1}{2}(\overrightarrow{OA}+\overrightarrow{OB})$, d'où la formule donnant les coordonnées du milieu I.

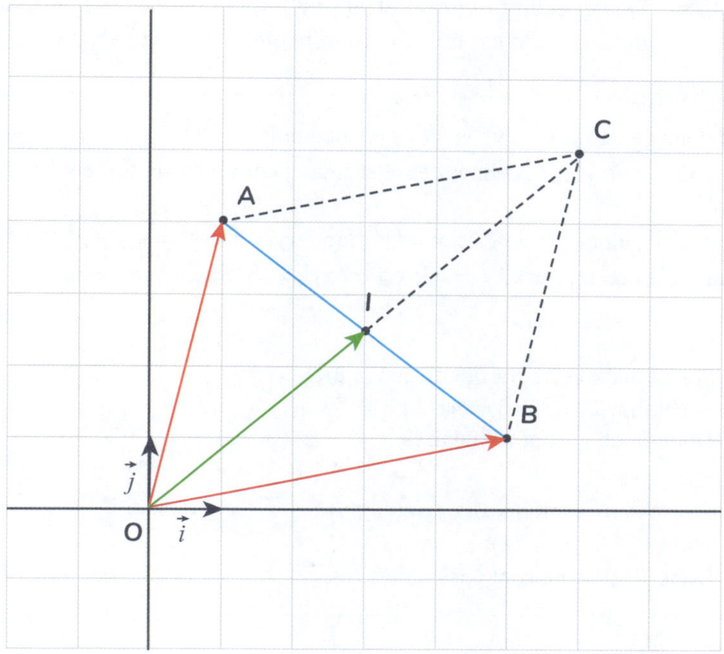

C Colinéarité et déterminant

Définition **Déterminant de deux vecteurs**

Soient deux vecteurs $\vec{u}(x;y)$ et $\vec{v}(x';y')$.

On appelle déterminant de $\vec{u}$ et $\vec{v}$ le nombre $xy'-x'y$.

On note :

$$det(\vec{u},\vec{v}) = xy' - x'y$$

Conseil

Pour se rappeler de la formule du déterminant on peut utiliser la notation suivante :

$det(\vec{u},\vec{v}) = xy' - x'y$

On calcule le produit des éléments de la 1re diagonale et on lui soustrait le produit des éléments de la seconde diagonale.

Exemple

Soient deux vecteurs $\vec{u}(3;4)$ et $\vec{v}(2;1)$.

$det(\vec{u},\vec{v}) = 3\times1-4\times2 = 3-8 = -5$

Propriété Deux vecteurs $\vec{u}(x;y)$ et $\vec{v}(x';y')$ sont colinéaires si et seulement si leur déterminant est nul, c'est-à-dire $det(\vec{u},\vec{v}) = xy' - x'y = 0$.

Démonstration

Soient deux vecteurs $\vec{u}(x;y)$ et $\vec{v}(x';y')$ non nuls.

On sait que $\vec{u}$ et $\vec{v}$ sont colinéaires si et seulement s'il existe un réel k non nul tel que $\vec{u} = k\vec{v}$.

Or, si $\vec{u} = k\vec{v}$, alors $x = kx'$ et $y = ky'$ donc $xy = x \times ky' = k \times x'y$.

Comme k est non nul, $x \times ky' = k \times x'y \Leftrightarrow xy' = x'y \Leftrightarrow xy' - x'y = 0$.

Exemple

Soient deux vecteurs $\vec{u}(3;4)$ et $\vec{v}(6;8)$.

$det(\vec{u},\vec{v}) = 3\times 8 - 4\times 6 = 24 - 24 = 0$

Donc $\vec{u}$ et $\vec{v}$ sont colinéaires.

Exemple

Soient deux vecteurs $\vec{u}(3;4)$ et $\vec{v}(2;1)$.

$det(\vec{u},\vec{v}) = 3\times 1 - 4\times 2 = 3 - 6 = -3 \neq 0$

Donc $\vec{u}$ et $\vec{v}$ ne sont pas colinéaires.

D Calcul de la norme

Propriété Soit $(O;\vec{i};\vec{j})$ un repère **orthonormé**.

Soit $\vec{u}(x;y)$ un vecteur du plan.

$\|\vec{u}\| = \sqrt{x^2 + y^2}$

✕ Piège

Cette propriété n'est vraie que si le repère est orthonormé.

Démonstration

On utilise le théorème de Pythagore dans le cas où $x > 0$ et $y > 0$.

Comme le repère est orthonormé, en traçant les vecteurs $x\vec{i}$ (pour les abscisses) et $y\vec{j}$ (pour les ordonnées) et $\vec{u}$ comme sur le schéma ci-dessous, on obtient un triangle rectangle dont les côtés ont pour longueur x, y et $\|u\|$.

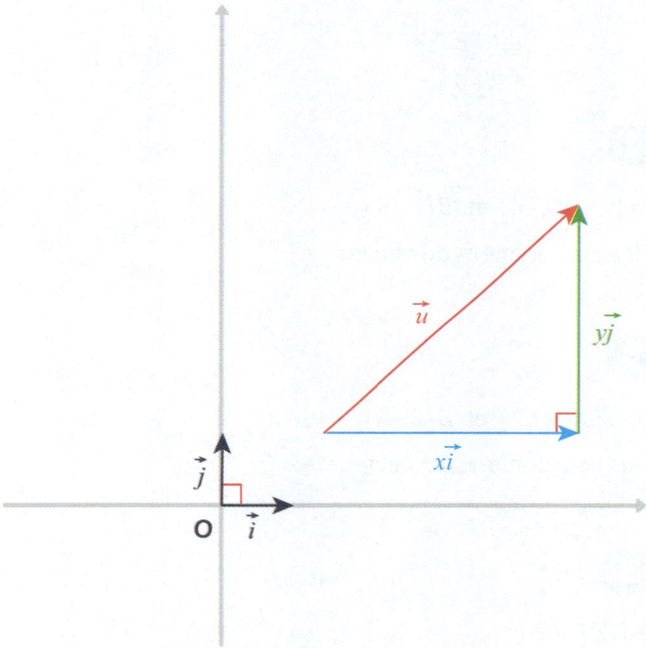

D'après le théorème de Pythagore, on a donc :

$\|\vec{u}\|^2 = x^2 + y^2$

Et comme toutes les distances sont positives, on peut en déduire que :

$\|\vec{u}\| = \sqrt{x^2 + y^2}$

Exemple

Soit $\vec{u}(5;3)$ un vecteur.

$\|\vec{u}\| = \sqrt{5^2 + 3^2} = \sqrt{25+9} = \sqrt{34}$

Exercices

Exercice 1

Soient les points $A(3;-4)$ et $B(3;-4)$.

Quelles sont les coordonnées du vecteur $\overrightarrow{AB}$?

Exercice 2

Soient les points $A(-1;2)$ et $B(2;-1)$.

Quelles sont les coordonnées du vecteur $\overrightarrow{AB}$?

Exercice 3

Soit le repère $(O;I;J)$.

On donne $A(1;3)$, $B(3;2)$, $C(5;-4)$ et $D(9;-6)$.

Les vecteurs $\overrightarrow{AB}$ et $\overrightarrow{CD}$ sont-ils colinéaires ?

Exercice 4

Soit le repère $(O;I;J)$.

On donne $A(-1;-2)$, $B(4;-1)$, $C(6;1)$ et $D(5;5)$.

Les vecteurs $\overrightarrow{AB}$ et $\overrightarrow{CD}$ sont-ils colinéaires ?

Exercice 5

Soit le repère $(O;I;J)$.

On donne $A(-3;5)$, $B(6;1)$ et $C(2;-4)$.

Quelles sont les coordonnées du point D tel que $\overrightarrow{AB}=\overrightarrow{CD}$?

Chapitre 12

Droites du plan

I Vecteur directeur

Jusqu'à présent, on définissait une droite par la donnée de deux points du plan.

Théorème **Unicité d'une droite passant par deux points**

Soient A et B deux points distincts du plan.

Il existe une et une seule droite passant par les points A et B, notée (AB).

Remarque

On peut également définir une droite par un point et un vecteur donnant la direction de la droite. On dit qu'un tel vecteur est un **vecteur directeur** de la droite.

En particulier, $\overrightarrow{AB}$ est donc un vecteur directeur de la droite (AB).

Définition **Vecteur directeur d'une droite**

Soient A et B deux points distincts du plan.

Un vecteur $\vec{u}$ non nul est un **vecteur directeur** de la droite (AB) si et seulement si les vecteurs $\vec{u}$ et $\overrightarrow{AB}$ sont colinéaires, autrement dit, s'ils ont la même direction.

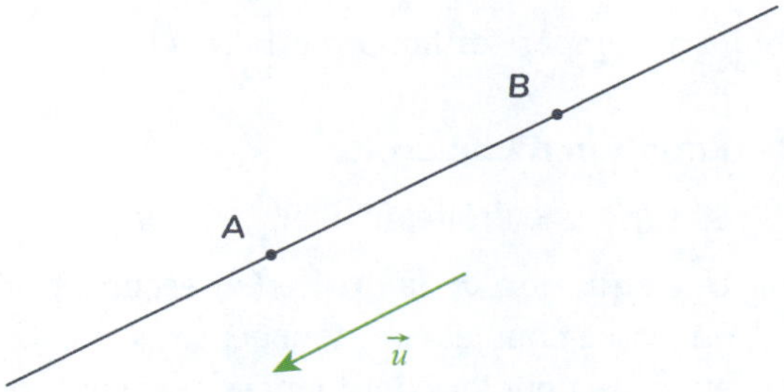

Théorème **Nombre de vecteurs directeurs**

Toute droite admet une infinité de vecteurs directeurs.

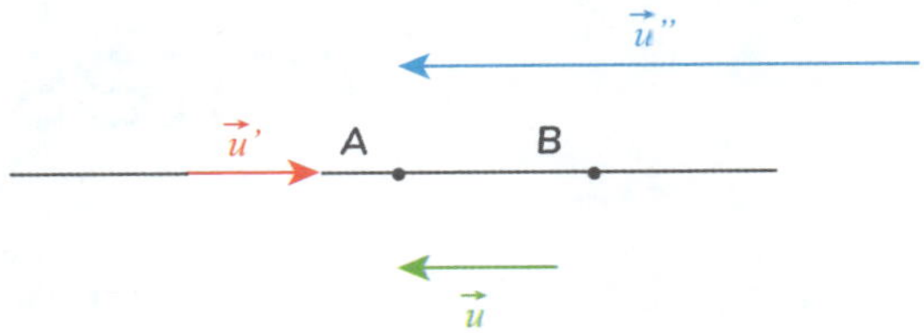

En effet, un vecteur directeur n'est là que pour indiquer la direction. Son sens et sa norme n'ont pas d'importance.

Remarque

Dans le cas d'une droite parallèle à l'axe des ordonnées, les vecteurs directeurs sont de la forme $\begin{pmatrix} 0 \\ k \end{pmatrix}$ où k est un nombre réel.

Théorème **Unicité d'une droite passant par un point fixé, connaissant un vecteur directeur**

Soient A un point du plan et $\vec{u}$ un vecteur non nul.

Il existe une et une seule droite passant par A et de vecteur directeur $\vec{u}$.

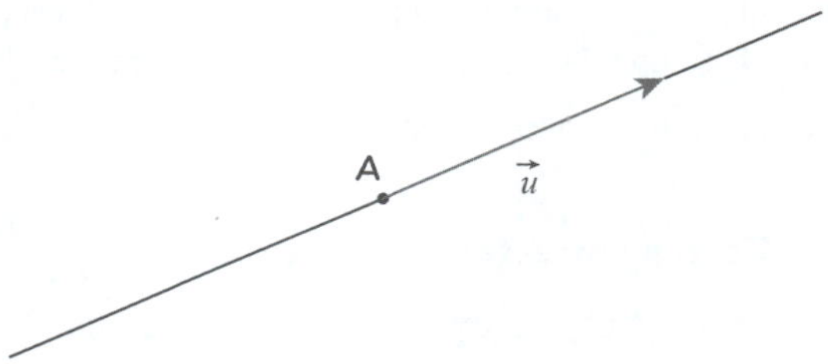

II Équations de droite

Le plan est muni d'un repère orthonormé $\left(O;\vec{i};\vec{j}\right)$.

Définition **Équation d'une droite**

Soit (d) une droite du plan.

Une **équation de la droite** (d) est une égalité qui doit impérativement être vraie pour les coordonnées $(x;y)$ de tous les points de cette droite, et fausse pour les coordonnées des points qui ne sont pas sur la droite.

Exemple

Soit (d) une droite ayant pour équation $y = 3x + 5$.

Le point $A(0;5)$ appartient à la droite car l'égalité est vraie pour $x = 0$ et $y = 5$. En effet, $3 \times 0 + 5 = 5$.

À l'inverse, le point $B(1;2)$ n'appartient pas à la droite car l'égalité est fausse pour $x = 1$ et $y = 2$. En effet, $3 \times 1 + 5 = 8 \neq 2$.

On peut présenter une équation de droite sous plusieurs formes.

A Équation réduite d'une droite

L'équation réduite est la forme que l'on rencontre jusqu'en classe de troisième.

Théorème **Équation réduite**

Soit (d) une droite du plan.

- Si (d) est parallèle à l'axe des ordonnées, l'équation réduite de (d) est de la forme $x = k$, où k est un nombre réel fixé.
- Sinon, l'équation réduite de (d) est de la forme $y = mx + p$, où m et p sont des nombres réels fixés.

Le coefficient m s'appelle le **coefficient directeur** de (d), et p **l'ordonnée à l'origine** de (d).

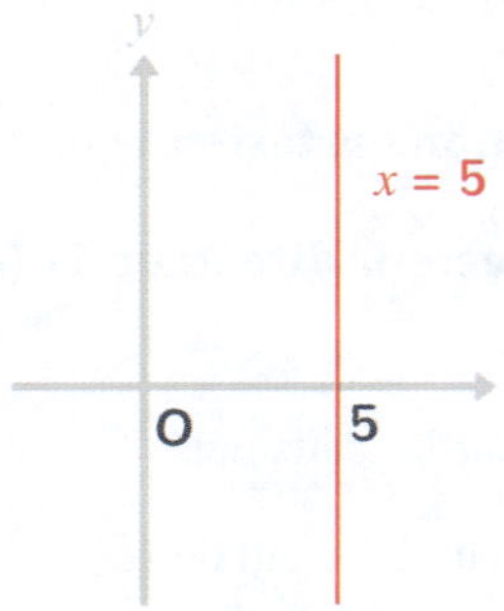

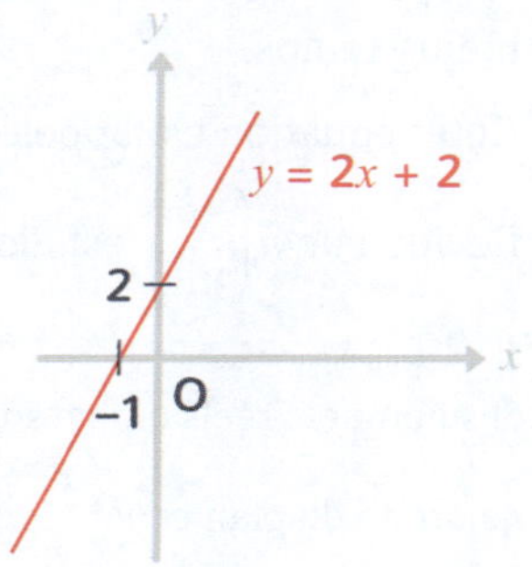

Remarque

Le coefficient directeur d'une droite est parfois appelé la pente de la droite.

Propriété Le coefficient directeur détermine la direction de la droite.

Lorsque la droite n'est pas parallèle à l'axe des ordonnées, on peut le calculer à partir de deux points quelconques $A(x_A;y_A)$ et $B(x_B;y_B)$ de la droite grâce à la formule suivante :

$$m=\frac{y_B-y_A}{x_B-x_A}$$

Exemple

On considère la droite (AB) avec $A(2;3)$ et $B(4;5)$.

Son coefficient directeur est $m=\frac{5-3}{4-2}=\frac{2}{2}=1$.

Remarque

Toute droite admet une unique équation réduite.

B Équations cartésiennes d'une droite

Il existe une façon plus générale de présenter une équation de droite : les équations cartésiennes.

Théorème **Équation cartésienne**

Toute droite (d) du plan admet une équation de la forme :

$$ax+by+c=0$$

où a, b et c sont trois réels, a et b ne pouvant être tous les deux nuls en même temps.

Cette équation est appelée **équation cartésienne** de (d).

Le vecteur $\vec{u}\begin{pmatrix}-b\\a\end{pmatrix}$ est alors un **vecteur directeur** de (d).

Démonstration

Soient a et b des nombres réels qui ne sont pas tous les deux nuls.

Soient (d) une droite du plan et $\vec{u}\begin{pmatrix}x_u\\y_u\end{pmatrix}$ un vecteur directeur de (d).

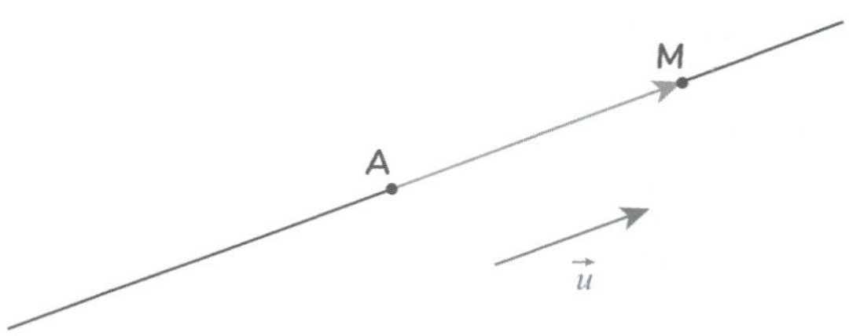

Un point $M(x; y)$ appartient à (d) si et seulement si $\overrightarrow{AM}$ et $\vec{u}$ sont colinéaires, autrement dit, si le déterminant des deux vecteurs est nul.

Or, $\overrightarrow{AM}$ a pour coordonnées $\begin{pmatrix} x - x_A \\ y - y_A \end{pmatrix}$.

Donc :

$$\det\left(\vec{u}, \overrightarrow{AM}\right) = \begin{vmatrix} x - x_A & x_u \\ y - y_A & y_u \end{vmatrix}$$
$$= \left(x - x_A\right) y_u - \left(y - y_A\right) x_u$$
$$= xy_u - x_A y_u - yx_u + y_A x_u$$
$$= y_u x - x_u y + x_u y_A - y_u x_A$$

En posant $a = y_u$, $b = -x_u$ et $c = x_u y_A - y_u x_A$, on obtient :

$det(\vec{u}, \overrightarrow{AM}) = ax + by + c$

Donc $det(\vec{u}, \overrightarrow{AM}) = 0 \Leftrightarrow ax + by + c = 0$.

On a bien une équation de la forme voulue.

De plus, avec les notations employées, le vecteur $\vec{u}$ a pour coordonnées $\begin{pmatrix} -b \\ a \end{pmatrix}$ et c'est un vecteur directeur de (d) .

- **Exemple**

  Un vecteur directeur de la droite (d) d'équation cartésienne $x + 2y + 3 = 0$ a pour coordonnées $\begin{pmatrix} -2 \\ 1 \end{pmatrix}$.

Remarque

Une droite admet une unique équation réduite mais une infinité d'équations cartésiennes. En effet, on obtient des équations équivalentes en multipliant les deux membres par n'importe quel nombre non nul.

- **Exemple**

  $x + 2y + 3 = 0 \Leftrightarrow 2x + 4y + 6 = 0$, donc les deux équations ont les mêmes solutions, qui correspondent aux mêmes points du plan. Elles définissent toutes les deux la même droite.

Piège

Les coefficients d'une équation cartésienne ne sont pas les mêmes que ceux de l'équation réduite.

Théorème **Lien entre équations cartésiennes et équation réduite**

Soit (d) une droite d'équation cartésienne $ax+by+c=0$.

- Si $b=0$, la droite (d) est parallèle à l'axe des ordonnées.
- Si $b\neq 0$, la droite (d) a pour coefficient directeur $m=-\frac{a}{b}$.

Exemple

La droite d'équation cartésienne $-x-5y+7=0$ est une droite ayant pour coefficient directeur : $m=-\frac{(-1)}{(-5)}=-\frac{1}{5}$.

Démonstration

- Si $b=0$, alors $a\neq 0$ car a et b ne peuvent pas être nuls en même temps. On obtient donc $ax+c=0$, c'est-à-dire $x=-\frac{c}{a}$, ce qui est l'équation d'une droite parallèle à l'axe des ordonnées.
- Si $b\neq 0$, on peut isoler y dans l'équation :

$$ax+by+c=0$$
$$\Leftrightarrow by=-ax-c$$
$$\Leftrightarrow y=\frac{-ax-c}{b}$$
$$\Leftrightarrow y=-\frac{a}{b}x-\frac{c}{b}$$

On retrouve alors l'équation réduite, avec $m=-\frac{a}{b}$ et $p=-\frac{c}{b}$.

C Lien entre coefficient directeur et vecteur directeur

Théorème **Coefficient directeur à partir d'un vecteur directeur**

Soit (d) une droite de vecteur directeur $\vec{u}\begin{pmatrix}a\\b\end{pmatrix}$ avec $a\neq 0$, c'est-à-dire non parallèle à l'axe des ordonnées.

Le coefficient directeur de (d) est égal à $\frac{b}{a}$.

Exemple

La droite (d) de vecteur directeur $\vec{v}\begin{pmatrix}2\\-4\end{pmatrix}$ a pour coefficient directeur -2 car :

$\frac{-4}{2}=-2$

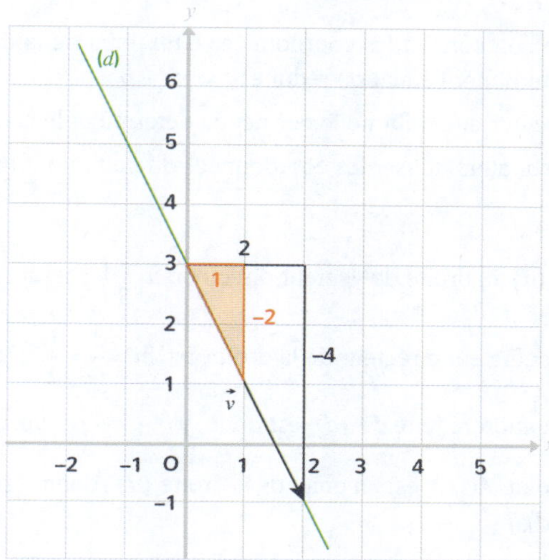

Théorème **Vecteur directeur à partir du coefficient directeur**

Soit (d) une droite non parallèle à l'axe des ordonnées, de coefficient directeur m.

Un vecteur directeur de (d) est le vecteur : $\vec{u}\begin{pmatrix}1\\m\end{pmatrix}$.

Exemple

La droite d'équation $y=-2x+3$ a pour coefficient directeur −2. Un vecteur directeur de cette droite est $\vec{u}\begin{pmatrix}1\\-2\end{pmatrix}$.

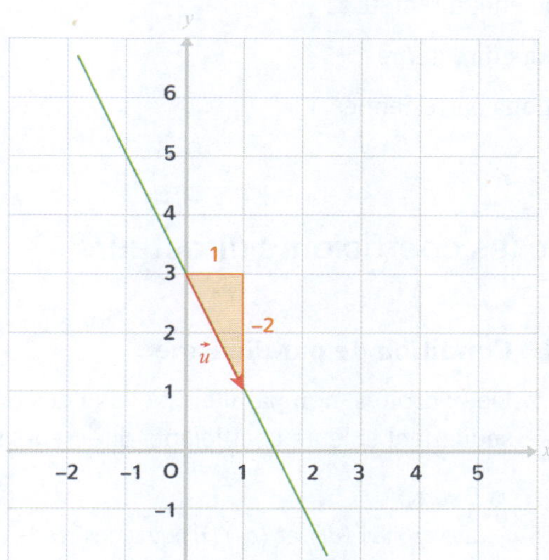

Remarque

Lorsque l'on connaît les coordonnées d'un point de la droite et un vecteur directeur, on peut déterminer l'équation réduite $y = mx + p$.

- Le vecteur directeur nous permet de déterminer le coefficient directeur m.
- On peut alors utiliser les coordonnées du point pour trouver l'ordonnée à l'origine p.

Exemple

Soit (d) la droite de vecteur directeur $\vec{u}\begin{pmatrix}6\\3\end{pmatrix}$ passant par le point $A(1;2)$.

Le coefficient directeur de la droite est $m = \frac{3}{6} = \frac{1}{2}$.

L'équation réduite de (d) est donc $y = \frac{1}{2}x + p$ avec p qui reste à déterminer.

Le point $A(1,2)$ est un point de la droite (d), donc ses coordonnées vérifient l'équation de (d) :

$2 = \frac{1}{2} \times 1 + p$

On en déduit : $p = 2 - \frac{1}{2} = \frac{3}{2}$.

En conclusion, l'équation réduite de (d) est : $y = \frac{1}{2}x + \frac{3}{2}$.

III Droites parallèles et sécantes

On dispose désormais de plusieurs outils pour savoir si deux droites sont parallèles, sécantes, distinctes ou confondues :

- les coefficients directeurs ;
- les vecteurs directeurs ;
- les équations cartésiennes.

A Avec les coefficients directeurs

Théorème **Condition de parallélisme**

Deux droites, non parallèles à l'axe des ordonnées, sont parallèles si et seulement si leurs coefficients directeurs sont égaux.

Exemple

Les droites (d_1) et (d_2), d'équations respectives $y = -2x - 6$ et $y = -2x + 3$, sont parallèles car elles ont le même coefficient directeur -2.

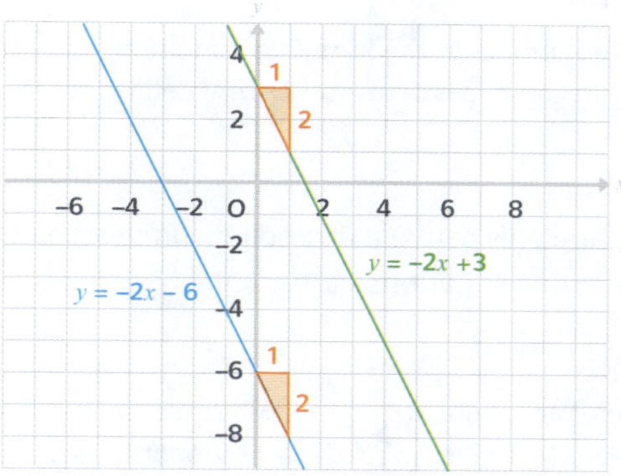

Remarque

Si deux droites sont parallèles à l'axe des ordonnées, elles n'ont pas de coefficient directeur, mais elles sont parallèles entre elles puisque toutes deux parallèles à l'axe des ordonnées.

Exemple

Les droites d'équations $x=-3$ et $x=5$ sont parallèles, car elles sont toutes les deux parallèles à l'axe des ordonnées.

B Avec les vecteurs directeurs

Théorème Deux droites sont parallèles si et seulement si leurs vecteurs directeurs sont colinéaires.

C Avec les équations cartésiennes

Théorème **Condition analytique du parallélisme**

Les droites d'équations $ax+by+c=0$ et $a'x+b'y+c'=0$ sont parallèles si et seulement si $ab'-a'b=0$.

Exemple

Considérons les droites (d) et (d') d'équations respectives $-4x+y-7=0$ et $x-\frac{1}{4}y+15=0$.

Calculons :

$$(-4)\times\left(-\frac{1}{4}\right)-1\times1=1-1=0$$

Par conséquent, les droites (d) et (d') sont parallèles.

Remarque

Avec les notations du théorème, la condition $ab' - a'b = 0$ correspond au fait que les vecteurs directeurs des deux droites sont colinéaires, c'est-à-dire que leur déterminant est nul.

Deux droites parallèles peuvent être soit distinctes, soit confondues. On peut également le savoir à l'aide des équations cartésiennes.

Remarque

Les droites d'équations $ax + by + c = 0$ et $a'x + b'y + c' = 0$ sont confondues si et seulement si les triplets $(a;b;c)$ et $(a';b';c')$ sont proportionnels.

Exemple

Les droites $2x + 3y - 1 = 0$ et $4x + 6y - 2 = 0$ sont confondues car les triplets $(2;3;-1)$ et $(4;6;-2)$ sont proportionnels.

En effet, $\frac{4}{2} = \frac{6}{3} = \frac{-2}{-1} = 2$.

D Systèmes et intersections de droites

1. Système d'équations

Soient (d) et (d') deux droites du plan.

Soit $M(x;y)$ un point d'intersection de (d) et (d').

Alors $M \in (d)$ et $M \in (d')$, donc les coordonnées de M doivent vérifier **simultanément** les deux équations, celle de (d) et celle de (d').

Pour traduire cela, on utilise un système d'équations.

Propriété Soient (d) et (d') deux droites du plan d'équations respectives $ax + by + c = 0$ et $a'x + b'y + c' = 0$.

L'ensemble des points $M(x;y)$ qui appartiennent à (d) et à (d') sont les solutions du système d'équations :

$$(S) : \begin{cases} ax + by + c = 0 \\ a'x + b'y + c' = 0 \end{cases}$$

Exemple

Soient (d) et (d') deux droites du plan ayant pour équations respectives $x - y - 4 = 0$ et $2x + 5y + 6 = 0$.

Chercher le ou les points d'intersections de (d) et (d') revient à résoudre le système suivant :

$$(S):\begin{cases} x-y=4 \\ 2x+5y=-6 \end{cases}$$

Ce système admet un unique couple (x,y) solution qui est $(2;-2)$.

(d) et (d') ont donc un unique point d'intersection qui est le point $A(2;-2)$.

(On n'a pas détaillé ici la résolution du système mais le détail se trouve dans la méthode « Résoudre un système d'équations ».)

Conseil

On peut résoudre un tel système de deux manières différentes : par combinaisons ou par substitution.

Cependant, avant de se lancer dans la résolution d'un tel système, il est bon de se rappeler que, puisqu'il s'agit de l'intersection de deux droites, seuls trois cas peuvent se produire.

- Si les droites sont sécantes, le système admet un unique couple solution.
- Si les droites sont parallèles et distinctes, le système n'admet pas de solution.
- Si les droites sont parallèles et confondues, le système admet une infinité de solutions.

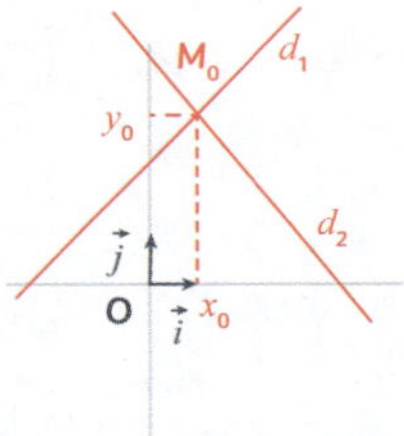

Droites sécantes : un point d'intersection unique M_0

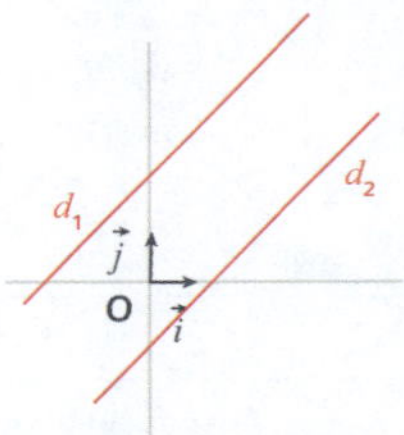

Droites parallèles distinctes : pas d'intersection

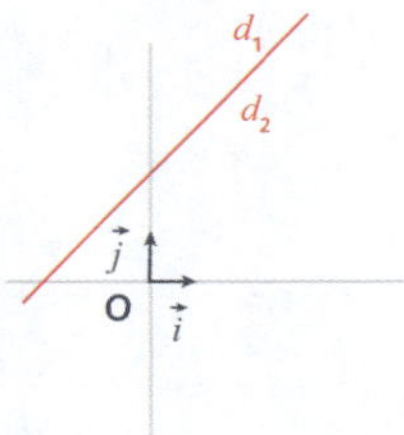

Droites parallèles confondues : l'intersection est toute la droite, donc une infinité de points

Pour déterminer dans quel cas on se trouve, on utilise un outil appelé **« déterminant d'un système »** qui utilise les propriétés sur le parallélisme des droites que nous avons vues précédemment.

2. Déterminant d'un système

On a vu que deux droites d'équations $ax+by+c=0$ et $a'x+b'y+c'=0$ sont parallèles si et seulement si $ab'-a'b=0$.

On va donc calculer $ab'-a'b$ et déduire le nombre de solutions en fonction de sa valeur.

Définition **Déterminant d'un système**

Soit (S) le système suivant, où a, a', b, b', k et k' sont des nombres réels :

$$\begin{cases} ax + by = k \\ ax' + b'y = k' \end{cases}$$

Le nombre $ab' - a'b$ est appelé **déterminant du système** (S).

Théorème **Nombre de solutions d'un système**

Avec les notations précédentes :

- si $ab' - a'b \neq 0$, le système (S) admet une unique solution ;
- si $ab' - a'b = 0$, le système (S) n'admet aucune solution ou bien une infinité de solutions.

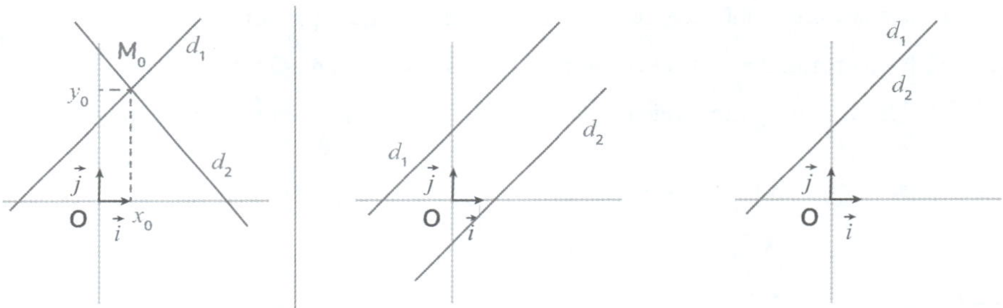

$ab' - a'b \neq 0$	$ab' - a'b = 0$	
Une unique solution	Aucune solution	Une infinité de solutions

À retenir

Il est important de calculer le déterminant d'un système avant de se lancer dans sa résolution pour savoir dès le départ quel est le nombre de solutions.

Exemple

Soit (S) le système suivant :

$$\begin{cases} 2x - 3y = 5 \\ 7x + y = 4 \end{cases}$$

Le déterminant du système (S) est :

$2 \times 1 - 7 \times (-3) = 2 + 21 = 23$

Il est non nul, le système admet donc une unique solution.

(Rappel : La résolution en elle-même est expliquée à part dans la méthode « Résoudre un système » de ce chapitre.)

IV Conditions d'alignement de trois points

On peut utiliser les propriétés et théorèmes précédents concernant les positions relatives de deux droites pour étudier l'alignement de trois points dans le plan.

Théorème Trois points du plan A, B et C sont alignés si et seulement si les droites (AB) et (AC) ont le même coefficient directeur.

En effet, si les droites (AB) et (AC) ont le même coefficient directeur, alors elles sont parallèles.

Comme, de plus elles ont un point commun (le point A), elles sont confondues.

Exemple

Soient A, B et C les points de coordonnés respectives $A(1;3)$, $B(2;5)$ et $C(3;7)$.

Le coefficient directeur de la droite (AB) est : $m = \dfrac{y_B - y_A}{x_B - x_A} = \dfrac{5-3}{2-1} = 2$.

Le coefficient directeur de la droite (AC) est : $n = \dfrac{y_C - y_A}{x_C - x_A} = \dfrac{7-3}{3-1} = \dfrac{4}{2} = 2$.

Les points A, B et C sont alignés car $m = n$.

Théorème Trois points du plan A, B et C sont alignés si et seulement si les vecteurs $\overrightarrow{AB}$ et $\overrightarrow{AC}$ sont colinéaires.

En effet, si les vecteurs $\overrightarrow{AB}$ et $\overrightarrow{AC}$ sont colinéaires, alors les droites (AB) et (AC) sont parallèles. Comme elles ont de plus en commun le point A, elles sont confondues.

Exemple

Soient A, B et C les points de coordonnés respectives $A(1;3)$, $B(2;5)$ et $C(3;7)$.

Le vecteur $\overrightarrow{AB}$ a pour coordonnées :

$$\begin{pmatrix} 2-1 \\ 5-3 \end{pmatrix} = \begin{pmatrix} 1 \\ 2 \end{pmatrix}$$

Le vecteur $\overrightarrow{AC}$ a pour coordonnées :

$$\begin{pmatrix} 3-1 \\ 7-3 \end{pmatrix} = \begin{pmatrix} 2 \\ 4 \end{pmatrix}$$

Donc $det(\overrightarrow{AB}, \overrightarrow{AC}) = 1 \times 4 - 2 \times 2 = 0$.

Les vecteurs $\overrightarrow{AB}$ et $\overrightarrow{AC}$ sont donc colinéaires et les points A, B et C sont alignés.

Exercices

Exercice 1

Déterminer une équation de la droite D passant par $A(2;1)$ et parallèle à $\Delta : y = -3x + 1$?

Exercice 2

Déterminer une équation de la droite D passant par $A(4;-1)$ et parallèle à $\Delta : y = \frac{2}{3}x - 1$?

Exercice 3

On note (O, I, J) un repère du plan. On considère les points $A(0;5)$, $B(2;2)$ et $C(-2;8)$.

Les points A, B et C sont-ils alignés ?

Exercice 4

Le plan est muni d'un repère (O,I,J). On considère les droites d'équations D et D' d'équations respectives $y=\frac{4}{5}x-21$ et $y=\frac{4}{5}x-\frac{1}{6}$.

La droite D est-elle parallèle à la droite D' ?

Exercice 5

Soient D_1 et D_2 deux droites, d'équations respectives dans le repère (O,I,J) :

$D_1 : y=\frac{3}{7}x-\frac{1}{7}$

$D_2 : y=-\frac{5}{4}x+\frac{1}{2}$

Quelles sont les coordonnées de l'éventuel point d'intersection des droites D_1 et D_2 ?

THÈME 4

PROBABILITÉS ET STATISTIQUES

Chapitre 13

Probabilités

I Rappels

A Expérience aléatoire

Définition **Expérience aléatoire**

On appelle **expérience aléatoire** une expérience dont le résultat n'est pas prévisible de façon certaine.

Exemple

Lancer un dé à 6 faces et regarder le chiffre obtenu constitue une expérience aléatoire : il existe 6 résultats possibles, dont aucun n'est prévisible de façon certaine.

B Issue

Définition **Issue d'une expérience aléatoire**

On appelle **issue** d'une expérience aléatoire tout résultat possible de l'expérience.

■ Exemple

On lance un dé à 6 faces et on note le chiffre obtenu. Les issues possibles sont 1, 2, 3, 4, 5 ou 6.

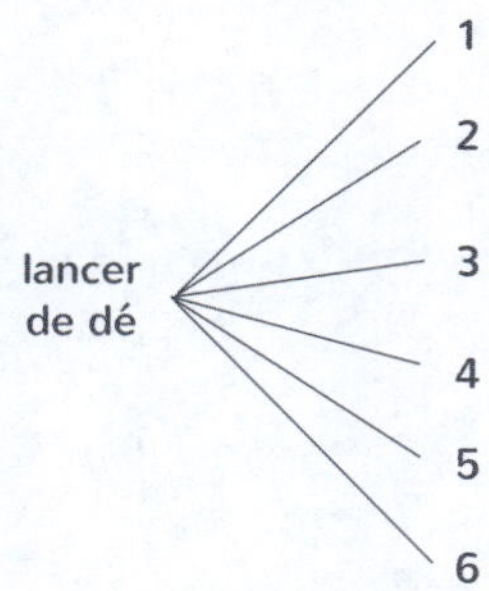

C Univers

Définition **Univers**

On appelle **univers** d'une expérience aléatoire, noté Ω (se prononce « omega »), l'ensemble de toutes les issues possibles de l'expérience.

■ Exemple

L'univers de l'expérience aléatoire consistant à lancer un dé à 6 faces et à regarder le chiffre obtenu est : $\Omega = \{1, 2, 3, 4, 5, 6\}$.

II Événement

Définition **Événement**

Un **événement** est un ensemble d'issues d'une expérience aléatoire. C'est donc un sous-ensemble de l'univers Ω.

On dit qu'il est **réalisé** si l'issue obtenue est incluse dans l'événement.

■ Exemple

On lance un dé à six faces et on regarde le chiffre obtenu. Soit A l'ensemble $\{2, 4, 6\}$.

A est un événement que l'on peut aussi décrire par la phrase « obtenir un nombre pair ».

Il est réalisé si on obtient 2, 4 ou 6.

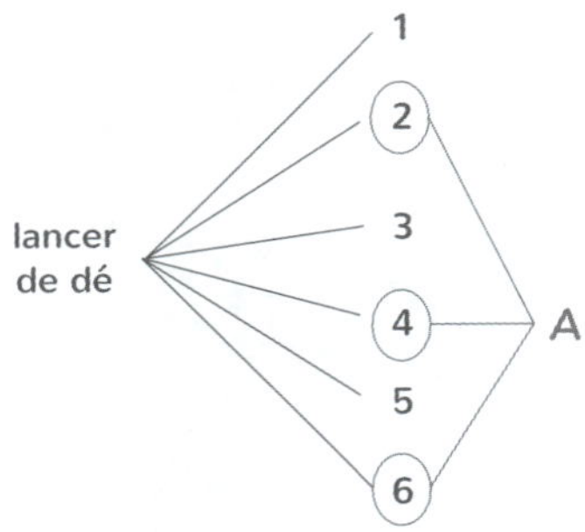

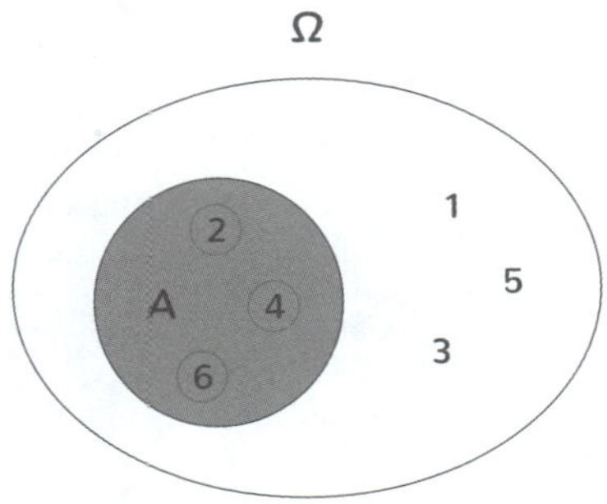

A Événement élémentaire

Définition **Événement élémentaire**

Soit Ω l'univers d'une expérience aléatoire.

On appelle **événement élémentaire** tout événement qui n'est réalisé que par une seule issue.

Exemple

L'univers de l'expérience aléatoire consistant à lancer un dé à 6 faces et à regarder le chiffre obtenu est :

$\Omega = \{1, 2, 3, 4, 5, 6\}$

Les événements {1}, {2}, {3}, {4}, {5} et {6} constituent des événements élémentaires.

Exemple

On lance une pièce de monnaie et on observe la face visible. L'univers de l'expérience aléatoire est {pile;face}, et les événements élémentaires sont {pile} et {face}.

B Événements incompatibles

Définition **Événements incompatibles**

Deux événements sont dits **incompatibles** s'ils ne peuvent pas se produire simultanément, c'est-à-dire s'ils ne contiennent aucune issue commune.

Exemple

Reprenons l'expérience qui consiste à lancer un dé à six faces et à observer le nombre obtenu.

On considère les événements suivants :

A : « obtenir un 3 »

B : « obtenir 4 ou 5 »

A et B sont deux événements incompatibles car ils ne peuvent pas être réalisés simultanément.

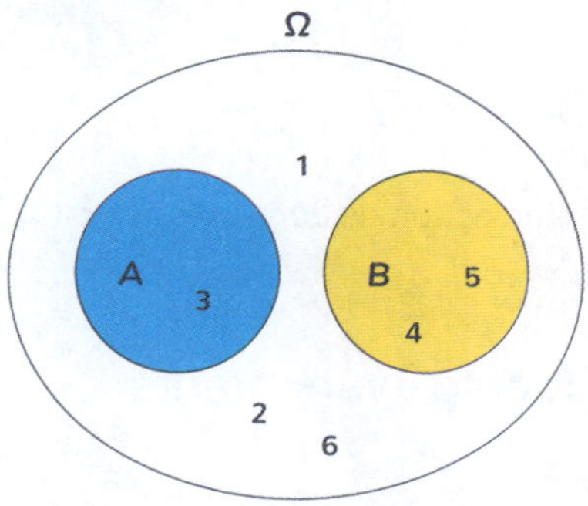

Propriété Deux événements élémentaires distincts sont incompatibles.

C Événement complémentaire

Définition **Événement complémentaire**

Soit A un événement. On appelle **événement complémentaire (ou contraire)** de A, noté $\overline{A}$, l'ensemble des issues de Ω qui ne sont pas dans A.

Exemple

Dans l'expérience précédente du lancer d'un dé à 6 faces, on considère l'événement A : « obtenir un multiple de 3 », c'est-à-dire l'événement $\{3;6\}$.

L'événement complémentaire $\overline{A}$ est l'événement « ne pas obtenir un multiple de 3 », c'est-à-dire {1;2;4;5}.

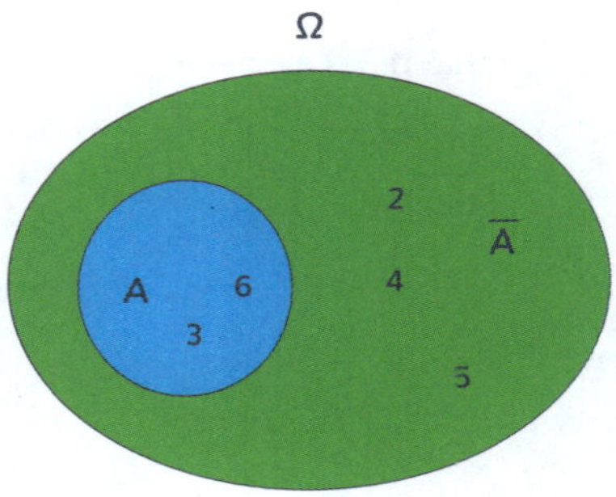

Propriété L'intersection de deux événements complémentaires est l'ensemble vide.

D Intersection d'événements

Définition **Intersection d'événements**

Soient A et B deux événements d'un univers Ω. On appelle **intersection de** A **et** B, notée $A \cap B$, l'événement contenant les issues qui réalisent à la fois les deux événements A et B.

Exemple

On reprend l'expérience du lancer d'un dé à six faces, et on considère les événements suivants :

- A : « obtenir un multiple de 2 », c'est-à-dire {2;4;6} ;
- B : « obtenir un nombre strictement plus grand que 3 », c'est-à-dire {4;5;6}.

L'événement $A \cap B$ est l'ensemble des issues réalisant à la fois A et B, c'est-à-dire {4;6}.

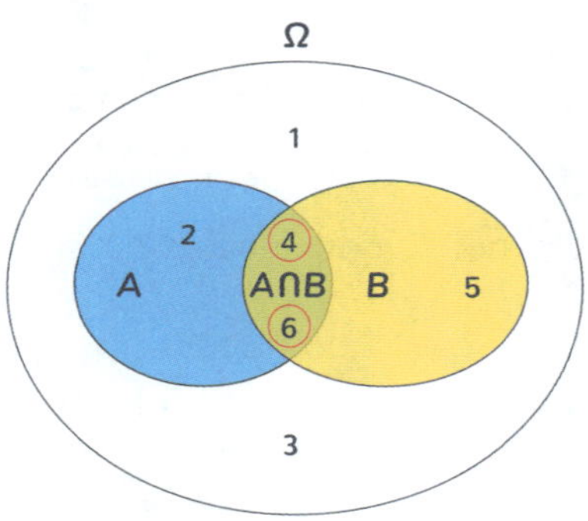

E Réunion d'événements

Définition **Réunion d'événements**

Soient A et B deux événements d'un univers Ω. On appelle **réunion de *A* et *B***, notée $A \cup B$, l'événement contenant les issues qui réalisent au moins un des deux événements A ou B.

Exemple

Reprenons l'expérience du lancer d'un dé à six faces. On considère les événements suivants :

- A : « obtenir un multiple de 2 », c'est-à-dire $\{2;4;6\}$;
- B : « obtenir un nombre strictement plus grand que 3 », c'est-à-dire $\{4;5;6\}$.

L'événement $A \cup B$ est l'ensemble des issues réalisant A, B, ou les deux à la fois, donc :

$A \cup B = \{2;4;5;6\}$

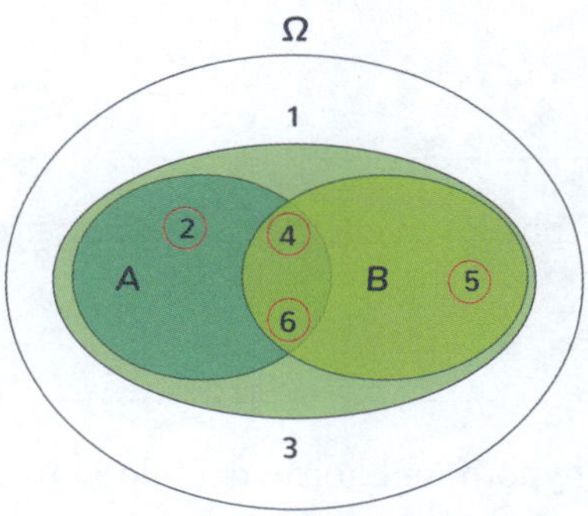

Remarque

L'intersection de deux événements est incluse dans leur réunion.

Propriété La réunion de deux événements contraires est l'ensemble univers.

III Probabilités

A Loi de probabilités

Soit une expérience aléatoire ayant comme univers l'ensemble $\Omega = \{w_1; w_2; ...; w_n\}$ contenant un nombre fini d'issues.

On définit une **loi de probabilité** sur Ω en associant à chaque issue w_i un nombre réel p_i compris entre 0 et 1, de sorte que la somme de tous les réels p_i soit égale à 1.

Le nombre p_i est la probabilité de l'événement « obtenir w_i ».

Exemple

On tire au hasard une boule dans une urne qui contient des boules vertes, bleues et rouges, et on regarde de quelle couleur est la boule tirée.

L'univers de cette expérience est $\Omega = \{vert; rouge; bleu\}$.

Le tableau suivant définit une loi de probabilité pour cette expérience :

Couleur obtenue	Vert	Rouge	Bleu
Probabilité associée	$\frac{1}{6}$	$\frac{2}{6}$	$\frac{3}{6}$

On y lit que la probabilité d'avoir une boule verte est de $\frac{1}{6}$.

On peut vérifier que la somme des probabilités est égale à 1 : $\frac{1}{6}+\frac{2}{6}+\frac{3}{6}=\frac{6}{6}=1$.

À retenir

La somme des probabilités de tous les événements élémentaires doit toujours être égale à 1.

À retenir

Une loi de probabilité est une hypothèse choisie car elle nous semble modéliser la réalité au mieux.

Comme ce n'est qu'une supposition, elle ne se démontre pas.

Définition **Situation d'équiprobabilité**

Dans une expérience aléatoire, on dit qu'on a **une situation d'équiprobabilité** si tous les événements élémentaires ont la même probabilité.

Remarque

L'équiprobabilité est une loi de probabilité où on a la même probabilité pour chaque événement élémentaire. C'est une supposition, reposant sur les conditions de l'expérience.

Cela peut être par exemple une pièce que l'on suppose équilibrée, ou un dé que l'on suppose non truqué.

B La probabilité d'un événement

Définition **Probabilité d'un événement**

Soit A un événement.

La probabilité de A, notée $p(A)$, est égale à la somme des probabilités des issues constituant l'événement A.

Exemple

On lance un dé équilibré à six faces et on observe le résultat obtenu.

On suppose que le dé est équilibré, c'est-à-dire qu'on a autant de chances d'obtenir chaque chiffre. C'est une situation d'équiprobabilité.

On considère l'événement A « obtenir 1 ou 2 », c'est-à-dire $\{1;2\}$.

L'événement A contient 2 issues.

Chaque événement élémentaire correspondant a une probabilité de $\frac{1}{6}$.

La probabilité de l'événement A est donc :

$p(A)=\frac{1}{6}+\frac{1}{6}=\frac{2}{6}=\frac{1}{3}$

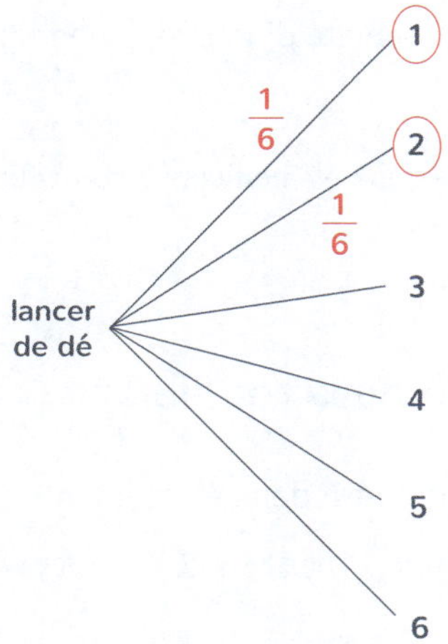

C Événement certain et événement impossible

Définition **Événement certain**

Un **événement certain** est un événement qui se réalise obligatoirement.

Il contient toutes les issues possibles de l'univers.

Propriété La probabilité d'un événement certain est égale à 1.

Exemple

Si on lance un dé à 6 faces et que l'on observe le résultat obtenu, l'événement « obtenir moins de 10 » est un événement certain, car il inclut toutes les issues possibles {1;2;3;4;5;6}.

Remarque

La réunion d'un événement A et de son contraire $\overline{A}$ est un événement certain. Donc $p(A \cup \overline{A}) = 1$.

Définition **Événement impossible**

Un **événement impossible** est un événement qui ne se réalise jamais.

Il ne contient aucune des issues possibles de l'univers.

Exemple

Si on lance un dé à 6 faces et que l'on observe le résultat obtenu, l'événement « obtenir plus de 10 » est un événement impossible, car il ne contient aucune des issues de l'univers.

Propriété La probabilité d'un événement impossible est égale à 0.

Remarque

L'intersection de deux événements incompatibles A et B est un événement impossible. Donc $p(A \cap B) = 0$.

D Probabilité de la réunion

Théorème Soient A et B deux événements dans un univers Ω.

$$p(A \cup B) = p(A) + p(B) - p(A \cap B)$$

Démonstration

Soit une expérience aléatoire d'univers $\Omega = \{w_1; w_2; ...; w_n\}$.

Pour calculer la probabilité de $A \cup B$, on doit ajouter la probabilité de tous les événements élémentaires inclus dans $A \cup B$.

Or, si l'on ajoute la somme des probabilités de celles de A (c'est-à-dire $p(A)$) à la somme des probabilités de celles de B (c'est-à-dire $p(B)$), on compte deux fois les probabilités des événements élémentaires correspondants à des issues qui sont à la fois dans A et dans B, c'est-à-dire $p(A \cap B)$.

C'est pourquoi il faut retrancher $p(A \cap B)$ dans la formule.

■ **Exemple**

Dans l'exemple représenté par le schéma ci-dessous, lorsque l'on cherche la probabilité de la réunion, il faut faire attention à ne pas compter deux fois l'issue w_2 qui est à la fois dans A et dans B.

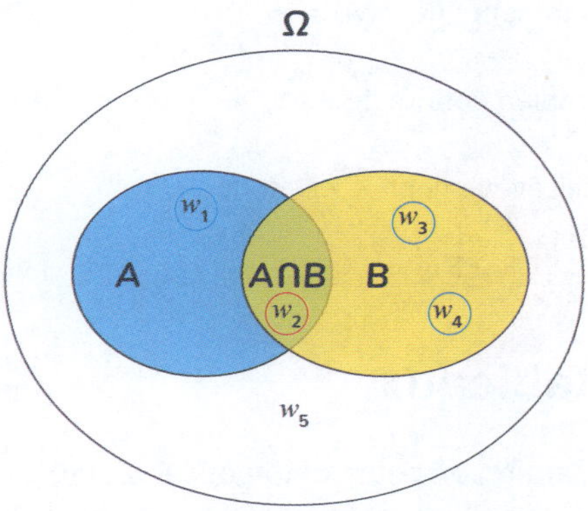

Remarque

Si deux événements sont incompatibles, c'est-à-dire si leur intersection est vide, alors on obtient $p(A \cup B) = p(A) + p(B)$ car $p(A \cap B) = p(\varnothing) = 0$.

E Probabilité de l'événement complémentaire

Propriété Soient A un événement, et $p(A)$ sa probabilité.

La probabilité de l'événement complémentaire $\overline{A}$ est $p(\overline{A}) = 1 - p(A)$.

■ **Démonstration**

On a vu que la somme des probabilités des événements élémentaires doit toujours être égale à 1.

Or, toutes les issues de l'univers se répartissent entre A et $\overline{A}$: soit une issue est dans A, soit elle est dans $\overline{A}$, et aucune ne peut être dans les deux à la fois.

Donc $A \cup \overline{A} = \Omega$ et $A \cap \overline{A} = \varnothing$. On en déduit que $p(A \cup \overline{A}) = 1$.

Or, d'après la formule de la probabilité de la réunion, on a :

$p(A \cup \overline{A}) = p(A) + p(\overline{A}) - p(A \cap \overline{A})$

Donc $1 = p(A) + p(\overline{A})$.

Ou encore : $p(\overline{A}) = 1 - p(A)$.

Exemple

On lance un dé équilibré à six faces et on observe le résultat obtenu.
On considère l'événement $A = \{1;2\}$.

On a vu précédemment que $p(A) = \frac{1}{3}$.

L'événement complémentaire de A est $\overline{A} = \{3;4;5;6\}$.

La probabilité de l'événement $\overline{A}$ est donc :
$p(\overline{A}) = 1 - p(A) = 1 - \frac{1}{3} = \frac{2}{3}$

IV Arbres et tableaux

Dans une expérience aléatoire, on peut vouloir observer plusieurs critères, ou le résultat de plusieurs épreuves, par exemple les tirages successifs de boules dans une urne.

On utilisera alors des arbres ou des tableaux pour mieux visualiser la situation.

A Dénombrement avec un tableau

Exemple

Dans une classe de 25 élèves, 15 élèves font de l'anglais.

Parmi les élèves qui font de l'anglais, il y a 10 filles.

De plus, exactement 4 garçons ne font pas d'anglais.

On veut représenter ces données dans un tableau, ce qui nous permettra de voir facilement comment se répartissent les élèves et, si besoin, de calculer facilement les probabilités associées.

- **Étape 1 Notations**

  L'univers de notre expérience est constitué des 25 élèves. Quand on choisit un élève au hasard, chaque élève est une issue possible.

  On appelle A l'événement « l'élève fait de l'anglais ». $\overline{A}$ sera donc l'événement « l'élève ne fait pas d'anglais ».

  On appelle F l'événement « l'élève est une fille ». $\overline{F}$ sera donc l'événement « l'élève est un garçon ».

  On suppose qu'on a autant de chances de choisir chaque élève, donc que l'on est dans une situation d'équiprobabilité.

- **Étape 2 Faire un tableau à double entrée**

  On crée un tableau à double entrée en indiquant l'un des critères en ligne, l'autre en colonne.

Il y a en tout 25 élèves.

Nombre d'élèves	F	$\overline{F}$	Total
A			
$\overline{A}$			
Total			25

- **Étape 3 Remplir le tableau**

On relit l'énoncé étape par étape pour remplir le tableau.

On nous dit d'abord : « dans une classe de 25 élèves, 15 élèves font de l'anglais. »

On met donc 15 dans le total des élèves qui font de l'anglais.

Nombre d'élèves	F	$\overline{F}$	Total
A			15
$\overline{A}$			
Total			25

On en déduit que 10 élèves ne font pas d'anglais, car $25-15=10$.

Nombre d'élèves	F	$\overline{F}$	Total
A			15
$\overline{A}$			10
Total			25

On nous dit ensuite :

« Parmi les élèves qui font de l'anglais, il y a 10 filles. »

On reporte donc cette information dans la case intersection de F et A : les filles qui font de l'anglais.

Nombre d'élèves	F	$\overline{F}$	Total
A	10		15
$\overline{A}$			10
Total			25

On en déduit le nombre d'élèves qui font de l'anglais et ne sont pas des filles : $15-10=5$

Nombre d'élèves	F	$\overline{F}$	Total
A	10	5	15
$\overline{A}$			10
Total			25

Enfin, on nous dit : « De plus, exactement 4 garçons ne font pas d'anglais. »

On reporte cette information dans le tableau, et par déduction $10-4=6$ filles ne font pas d'anglais.

Nombre d'élèves	F	$\overline{F}$	**Total**
A	10	5	15
$\overline{A}$	6	4	10
Total			25

En additionnant le nombre de filles et de garçons, on obtient un tableau totalement rempli, qui représente notre problème.

Nombre d'élèves	F	$\overline{F}$	**Total**
A	10	5	15
$\overline{A}$	6	4	10
Total	16	9	25

- **Étape 4 Calculer les probabilités**

  On peut maintenant calculer facilement la probabilité de n'importe quel événement. Par exemple, la probabilité de choisir au hasard un garçon qui fait de l'anglais, c'est-à-dire la probabilité de $A \cap \overline{F}$.

  On lit qu'il y a 5 garçons qui font de l'anglais, sur 25 élèves au total, et on est dans une situation d'équiprobabilité, donc :

  $p(A \cap \overline{F}) = \frac{5}{25} = \frac{1}{5} = 0,2$

B Avec un arbre de probabilités

Exemple

On considère une urne contenant 1 boule rouge, 1 boule bleue et 1 boule jaune indiscernables au toucher.

On procède à deux tirages **avec remise**, c'est-à-dire qu'on remet la première boule dans l'urne avant de tirer la deuxième.

Les probabilités du deuxième tirage sont donc les mêmes que pour le premier, car le contenu de l'urne n'a pas changé.

On peut représenter cette situation sous la forme d'un arbre de probabilités.

- **Étape 1 Dessiner l'arbre**

  On crée l'arbre représentant les situations possibles.

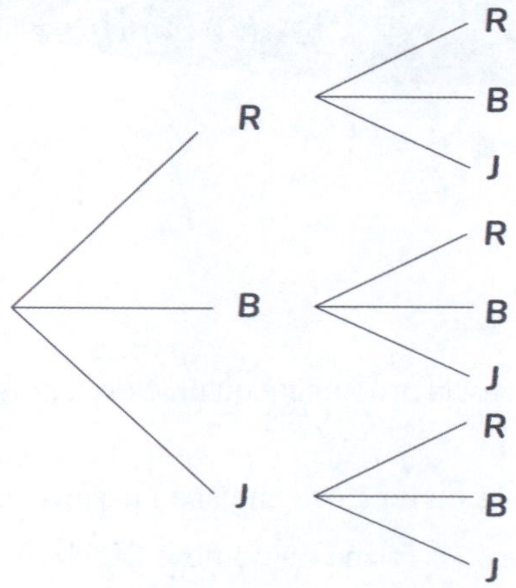

- **Étape 2 Calculer les probabilités**

  Grâce à ce schéma en arbre, on peut calculer la probabilité de certains événements.

  L'univers de cette expérience contient 9 issues : c'est le nombre total de chemins de l'arbre. Comme on est dans une situation d'équiprobabilité, chaque chemin correspond à un événement élémentaire qui a la même probabilité.

  Pour calculer la probabilité d'un événement, il suffit donc de compter le nombre de chemins qui le constituent.

  Si l'on souhaite par exemple calculer la probabilité de tirer une boule rouge et une boule bleue, on repère les chemins de l'arbre qui correspondent à cet événement. Ici, il y en a deux : soit on tire une boule bleue puis une rouge, soit on tire une boule rouge puis une boule bleue.

  La probabilité de l'événement « tirer une boule bleue et une boule rouge » est donc $\frac{2}{9}$.

Exercices

Exercice 1

Dans un groupe d'élèves, la probabilité qu'un élève choisi au hasard fasse de l'anglais est de 0,4.

Quelle est la probabilité qu'un élève choisi au hasard ne fasse pas d'anglais ?

(On mettra la réponse sous forme de nombre décimal).

Exercice 2

La probabilité qu'il fasse beau demain est de 0,80.

Quelle est la probabilité qu'il ne fasse pas beau demain ?

(On mettra la réponse sous forme de nombre décimal).

Exercice 3

On donne le tableau croisé suivant pour illustrer des données sur une classe où se trouvent des garçons et des filles qui viennent à l'école à pied ou en bus.

	À pied	**En bus**
Garçons	5	7
Filles	3	6

On choisit un élève au hasard.

Quel est le nombre d'issues réalisant l'événement « être un garçon » ?

Exercice 4

On donne le tableau croisé suivant pour illustrer des données sur les activités et la nationalité d'un groupe de touristes.

	Randonnée	Plage	Musée
Allemands	20	8	1
Italiens	8	10	2
Chinois	0	4	6

On choisit un touriste au hasard.

Quel est le nombre d'issues réalisant l'événement « ce touriste ne va pas randonner » ?

Exercice 5

En classe de neige, des enfants peuvent apprendre à faire du ski ou du snowboard. Il est possible d'apprendre les deux, mais il est aussi possible de ne faire aucun des deux.

75 % des enfants font du ski, 30 % font du snowboard, et 95 % des enfants font au moins un des deux.

Quelle est la probabilité qu'un enfant choisi au hasard fasse à la fois du ski et du snowboard ?

Chapitre 14

Statistiques descriptives

Deux paramètres sont essentiels lorsque l'on s'intéresse aux séries de données numériques : la **moyenne** et la **médiane**. Ces indicateurs donnent une idée de la position « centrale » des données : on dit que ce sont des indicateurs de position, ou de tendance centrale. Cependant, ils sont insuffisants car deux séries peuvent être différentes alors qu'elles ont la même moyenne, ou la même médiane.

Exemple

Les deux séries statistiques suivantes ont la même moyenne, mais elles sont cependant très différentes : dans la première, les valeurs sont très étalées, dans la deuxième, les valeurs sont très resserrées autour de la moyenne.

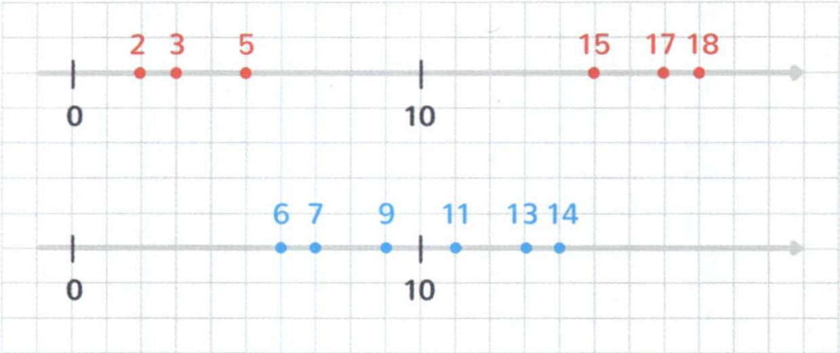

Pour mesurer la dispersion des données autour de leur valeur centrale, on va introduire de nouveaux indicateurs, dits paramètres de dispersion.

I L'étendue

Définition **Étendue**

L'étendue d'une série quantitative est égale à la différence entre la plus grande valeur et la plus petite valeur de la série.

Exemple

Le tableau d'effectifs suivant présente les notes obtenues par un groupe d'élèves :

Note	5	8	9	10	10,5	11	13	14	14,5	16
Nombre d'élèves	1	3	5	6	2	5	6	1	2	1

Les notes vont de 5 à 16. L'étendue de la série est donc égale à $16-5=11$.

II Moyenne et écart type

A Moyenne pondérée

Définition **Moyenne**

Soit une série statistique représentée par les couples $(x_i;n_i)$ où les x_i sont les valeurs de la série et les n_i leurs effectifs respectifs.

La **moyenne** de la série, généralement notée $\overline{x}$, est le réel :

$$\overline{x}=\frac{n_1x_1+n_2x_2+...+n_px_p}{n}$$

Remarque

Lorsque la série est regroupée comme ici par effectifs, la moyenne calculée grâce à la formule précédente est souvent appelée **moyenne pondérée**.

Exemple

Le tableau d'effectifs suivant présente les notes obtenues par un groupe d'élèves :

Note	5	8	9	10	12,5	13	14
Nombre d'élèves	1	3	5	6	2	5	6

L'effectif total est $1+3+5+6+2+5+6=28$.

On peut ainsi calculer facilement la moyenne pondérée :

$$m=\frac{5\times1+8\times3+9\times5+10\times6+12,5\times2+13\times5+14\times6}{28}=11$$

Remarque

Pour une série regroupée en classes, on détermine une valeur approchée de la moyenne en remplaçant chaque classe par son centre.

Exemple

On considère la série statistique suivante :

Taille x (en cm)	$10 \leq x < 20$	$20 \leq x < 25$	$25 \leq x < 40$	$40 \leq x \leq 50$
Centre de la classe (cm)	15	22,5	32,5	45
Effectif	11	8	16	3

La moyenne des tailles, arrondie au dixième, est donc :

$$m \approx \frac{15 \times 11 + 22{,}5 \times 8 + 32{,}5 \times 16 + 45 \times 3}{11 + 8 + 16 + 3} \approx 26{,}3 \text{ cm}$$

Propriété On peut calculer la moyenne d'une série en utilisant la fréquence de chaque valeur :

$$\overline{x} = f_1 x_1 + f_2 x_2 + \ldots + f_p x_p$$

Exemple

On considère la série statistique suivante :

Pointure x_i	39	40	41	42	44	TOTAL
Effectif n_i	2	3	5	1	1	12
Fréquence f_i	$\frac{2}{12}$	$\frac{3}{12}$	$\frac{5}{12}$	$\frac{1}{12}$	$\frac{1}{12}$	1

On calcule la moyenne :

$$\overline{x} = 39 \times \frac{2}{12} + 40 \times \frac{3}{12} + 41 \times \frac{5}{12} + 42 \times \frac{1}{12} + 44 \times \frac{1}{12} = \frac{163}{4} = 40{,}75$$

Théorème Soit k un nombre réel.

- Si l'on multiplie toutes les valeurs de la série par k, alors la moyenne est multipliée par k.
- Si l'on ajoute k à toutes les valeurs de la série, alors la moyenne est aussi augmentée de k.

Exemple

On considère la série statistique : 1, 1, 2, 3.

Cette série a pour moyenne 1,75 car $\frac{2 \times 1 + 2 + 3}{4} = 1{,}75$.

- On considère maintenant la série statistique : 2, 2, 4, 6.

  Les valeurs de cette série sont obtenues en multipliant par 2 les valeurs de la série précédente, et les effectifs sont inchangés. Comme $1{,}75 \times 2 = 3{,}5$, la moyenne de la nouvelle série est 3,5.

- On considère la série statistique : 3, 3, 5, 7.

  Les valeurs de cette série sont obtenues en multipliant par deux et en ajoutant un à toutes les valeurs de la première série. De plus, les effectifs sont inchangés.

  Sa moyenne est donc $1{,}75 \times 2 + 1 = 4{,}5$.

B Variance et écart type

Définition **Variance**

On appelle **variance** d'une série, notée V, le réel :

$$V = \frac{n_1\left(x_1 - \overline{x}\right)^2 + \ldots + n_p\left(x_p - \overline{x}\right)^2}{N}$$

$$V = \frac{1}{N}\sum_{i=1}^{p} n_i(x_i - \overline{x})^2$$

où les x_i sont les valeurs de la série, les n_i leurs effectifs respectifs, N l'effectif total et $\overline{x}$ la moyenne pondérée.

Exemple

Considérons la série suivante d'effectif total $n = 12$ et de moyenne $\overline{x} = 40{,}75$.

Pointure x_i	39	40	41	42	44	**TOTAL**
Effectif n_i	2	3	5	1	1	**12**

On a alors :

$$V = \frac{2\times(39-40{,}75)^2 + 3\times(40-40{,}75)^2}{12}$$

$$\frac{+5\times(41-40{,}75)^2 + 1\times(42-40{,}75)^2}{12}$$

$$\frac{+1\times(44-40{,}75)^2}{12} = 1{,}6875$$

Propriété La variance peut également être calculée par la formule suivante :

$$V = \frac{1}{N} \times \left[n_1 x_1^2 + n_2 x_2^2 + \ldots + n_p x_p^2 \right] - \left[\overline{x} \right]^2$$

Exemple

Considérons la série suivante d'effectif total $n = 12$ et de moyenne $\overline{x} = 40{,}75$.

Pointure x_i	39	40	41	42	44	**TOTAL**
Effectif n_i	2	3	5	1	1	**12**

On a alors :

$$V = \frac{1}{12} \times \left(2 \times 39^2 + 3 \times 40^2 + 5 \times 41^2 + 1 \times 42^2 + 1 \times 44^2 \right) - 40{,}75^2 = 1{,}6875$$

Remarque

Dans le cas d'une série statistique continue, les valeurs x_i sont remplacées par les centres des classes. Le résultat obtenu n'est alors qu'une valeur approchée de la variance.

Définition L'écart type d'une série, noté σ, correspond à la racine carrée de la variance V :

$$\sigma = \sqrt{V}$$

Exemple

Considérons la série suivante de variance $V = 1{,}6\,875$.

Pointure x_i	39	40	41	42	44	**TOTAL**
Effectif n_i	2	3	5	1	1	**12**

L'écart type est donc :

$$\sigma = \sqrt{1{,}6875} \approx 1{,}299$$

Remarque

L'écart type est un outil statistique qui permet d'estimer la dispersion des valeurs par rapport à la moyenne.

- Plus l'écart type a une valeur élevée, plus les données sont dispersées par rapport à la moyenne.
- L'unité de l'écart type est la même que celle de la moyenne.

Remarque

La variance donne une mesure de la valeur moyenne des carrés des écarts à la moyenne. Elle fournit donc une indication sur la dispersion des données par rapport à la moyenne. Mais on ne peut l'utiliser directement comme indicateur de dispersion, car elle ne s'exprime pas dans la même unité que les valeurs de la série. C'est pourquoi on utilise l'écart type.

III Médianes et quartiles

A Les médianes

Définition **Médiane**

On appelle **médiane** d'une série rangée par ordre croissant toute valeur qui partage la série en deux séries de même effectif.

On la note généralement M_{ed}.

Remarque

Dans une série de données, au moins 50 % des valeurs sont supérieures ou égales à la médiane et au moins 50 % lui sont inférieures ou égales.

Propriété On considère une série dont les valeurs des n individus sont rangées par ordre croissant.

- Si n est impair, on prend en général pour médiane la $\frac{n+1}{2}^{\text{ème}}$ valeur de la série ordonnée.
- Si n est pair, on prend en général pour médiane le centre de l'intervalle $\left[\frac{n}{2}^{\text{ème}} \text{ valeur} ; \frac{n}{2}+1^{\text{ème}} \text{ valeur}\right]$.

Exemple

Une médiane de la série : 3, 5, 6, 11, 14, 21, 27 est la valeur 11.

En effet, l'effectif est $n=7$, on choisit donc la valeur de rang $\frac{7+1}{2}=4$ qui est 11.

Piège

Ne pas confondre le rang d'une médiane et sa valeur.

Remarque

Une médiane n'est pas toujours une valeur observée dans la série statistique.

Exemple

La médiane de la série : 12, 13, 14, 19, 31, 41 est la valeur arbitraire 16,5.

En effet, l'effectif est $n=6$, on choisit donc pour valeur le centre de l'intervalle $[14;19]$ qui est 16,5.

16,5 n'est pas une valeur de la série.

Remarque

Lorsque les valeurs sont présentées sous forme de tableau, on peut se servir des effectifs cumulés croissants pour déterminer une médiane.

Exemple

Considérons la série statistique suivante, avec un effectif total égal à 10.

Pointure x_i	39	40	41	44
Effectif n_i	2	3	4	1
Effectif cumulé croissant	2	5	9	10

L'effectif vaut 10. Il est pair et $\frac{10}{2} = 5$.

On prend donc comme médiane la moyenne des 5e et 6e valeurs de l'effectif cumulé.

On se sert des effectifs cumulés croissants pour lire que :

- la 5e valeur est 40 ;
- la 6e valeur est 41 car $5 < 6 \leq 9$.

Une médiane est donc $\frac{40+41}{2} = 40{,}5$.

Remarque

Lorsque la série est une série continue, on prend comme médiane la valeur pour laquelle on obtient une fréquence cumulée de 50 %.

Exemple

Lors d'un devoir commun, les notes de tout l'établissement ont été regroupées en classes.

Note	$[0;4[$	$[4;8[$	$[8;10[$	$[10;12[$	$[12;16[$	$[16;20[$
Centre de la classe	2	6	9	11	14	18
Effectif	21	46	117	123	86	7
Fréquence (en %)	5,25	11,5	29,25	30,75	21,5	1,75
Fréquence cumulée croissante (en %)	5,25	16,75	46	76,75	98,25	100

Le graphique (ou polygone) des fréquences cumulées croissantes (FCC) est alors le suivant :

Le graphique (ou polygone) des fréquences cumulées croissantes (FCC) est alors le suivant :

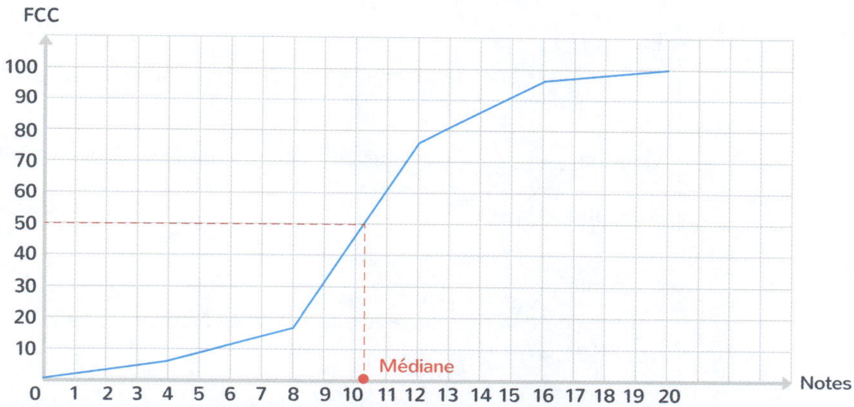

On y lit que 10,26 est une médiane de cette série.

B Les quartiles

Définition **Premier quartile**

Le premier quartile est la plus petite valeur, notée Q_1, d'une série, rangée par ordre croissant, telle qu'au moins 25 % des valeurs lui soient inférieures ou égales.

■ **Exemple**

On considère la série suivante issue d'un échantillon de taille 8 : 3, 4, 5, 6, 11, 14, 21, 27.

Comme $\frac{25}{100} \times 8 = 2$, le premier quartile de cette série est son deuxième élément, soit 4.

■ **Exemple**

On considère la série suivante issue d'un échantillon de taille 7 : 10, 12, 13, 14, 19, 31, 41.

Comme $\frac{25}{100} \times 7 = 1{,}75$, le premier quartile de cette série est son deuxième élément, soit 12.

Définition **Troisième quartile**

Le troisième quartile est la plus petite valeur, notée Q_3, d'une série, rangée par ordre croissant, telle qu'au moins 75 % des valeurs lui soient inférieures ou égales.

Exemple

On considère la série suivante issue d'un échantillon de taille 8 : 3, 4, 5, 6, 11, 14, 21, 27.

Comme $\frac{75}{100} \times 8 = 6$, le troisième quartile de cette série est son sixième élément, soit 14.

Exemple

On considère la série suivante issue d'un échantillon de taille 7 : 10, 12, 13, 14, 19, 31, 41.

Comme $\frac{75}{100} \times 7 = 5{,}25$, le troisième quartile de cette série est son sixième élément, soit 31.

Remarque

Alors que la médiane n'est pas toujours une valeur observée, les quartiles sont des valeurs observées.

Remarque

Lorsqu'on a un tableau avec les fréquences cumulées croissantes :

- On choisit comme premier quartile la plus petite valeur pour laquelle on obtient une fréquence cumulée croissante supérieure à 25 %.
- On choisit comme troisième quartile la plus petite valeur pour laquelle on obtient une fréquence cumulée croissante supérieure à 75 %.

Exemple

Considérons la série statistique suivante, avec un effectif total égal à 10 :

Pointure x_i	39	40	41	44
Effectif n_i	2	3	4	1
Effectif cumulé croissant	2	5	9	10
Fréquence cumulée croissante	0,2	0,5	0,9	1

40 est la plus petite valeur pour laquelle la fréquence cumulée croissante est supérieure ou égale à 0,25. C'est donc le premier quartile.

41 est la plus petite valeur pour laquelle la fréquence cumulée croissante est supérieure ou égale à 0,75. C'est donc le troisième quartile.

Remarque

Lorsque la série est une série à caractère continu :

- On choisit comme premier quartile la valeur pour laquelle on obtient une fréquence cumulée de 25 %.
- On choisit comme troisième quartile la valeur pour laquelle on obtient une fréquence cumulée de 75 %.

Exemple

On reprend l'exemple précédent des notes et le polygone des fréquences cumulées croissantes :

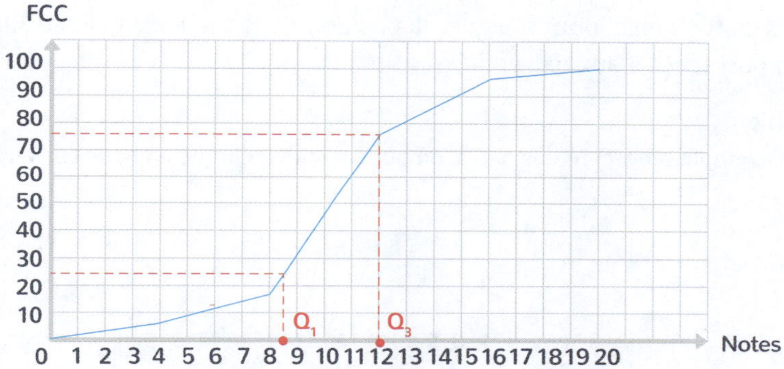

On obtient graphiquement :

- $Q_1 \approx 8{,}56$
- $Q_3 \approx 11{,}89$

C L'écart interquartile

Définition **Écart interquartile**

Soient Q_1 le premier quartile et Q_3 le troisième quartile d'une série statistique.

L'écart interquartile de la série statistique est le réel $Q_3 - Q_1$.

Exemple

L'écart interquartile de la série : 3, 4, 5, 6, 11, 14, 21, 27 est la valeur $14 - 4 = 10$.

L'écart interquartile de la série : 10, 12, 13, 14, 19, 31, 41 est la valeur $31 - 12 = 19$.

D Diagrammes en boîte

Définition **Diagramme en boîte**

Un diagramme en boîte est un diagramme donnant la position du minimum, du maximum, des quartiles et de la médiane choisie d'une série.

On représente, au-dessus d'un axe donnant les valeurs, un rectangle dont un des côtés donne la position de Q_1 et le côté opposé donne la position de Q_3. On ajoute une marque, dans ce rectangle, pour indiquer la position de la médiane choisie. On ajoute enfin des « moustaches » aux extrémités.

Exemple

Dans l'exemple précédent des notes, on obtient le diagramme en boîte suivant :

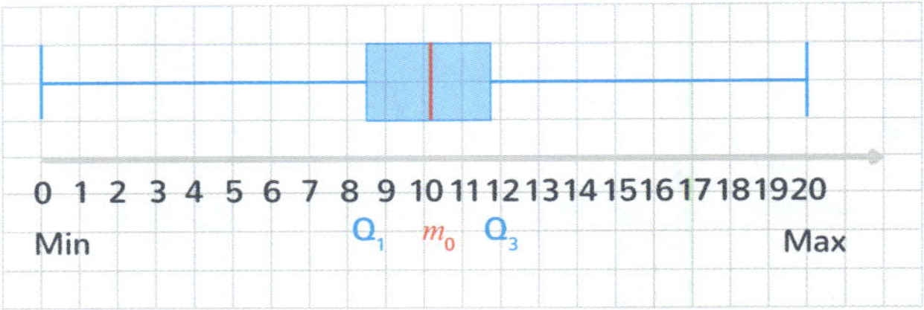

Remarques

- Que la série soit discrète ou continue, il s'agit du même type de diagramme.
- Un tel diagramme peut permettre de comparer deux séries si l'on représente les diagrammes en boîte des deux séries au-dessus du même axe.

Exercices

Exercice 1

On considère la série statistique suivante :

Valeur	45	46	47	50	55	57
Effectif	175	351	211	455	852	37

Déterminer une médiane de cette série.

Exercice 2

Soit le tableau statistique suivant :

Masse (en kg)	[10;15[	[15;20[	[20;25]
Effectif	14	25	86

Quelle est la moyenne de cette série ?

Exercice 3

On donne le tableau statistique suivant listant les notes obtenues par des élèves à un test noté sur 5.

Note	0	1	2	3	4	5
Effectif	1	5	7	8	5	3

Quelle est la moyenne $\overline{x}$ de la série ?

Exercice 4

On donne le tableau statistique suivant listant l'âge des élèves d'un lycée.

Âge	14	15	16	17	18	19	20
Fréquence	0,05	0,25	0,3	0,2	0,15	0,025	0,025

Quelle est la moyenne $\overline{x}$ de la série ?

Chapitre 15

Échantillonnage

I Échantillons

Définition **Échantillon**

Soit n un entier naturel.

Un **échantillon** de taille n est obtenu en répétant n fois de façon indépendante la même expérience, et dans les mêmes conditions, sur une population donnée.

Exemple

On lance 10 fois une pièce de monnaie et on regarde si l'on obtient pile ou face.

On obtient un échantillon de taille 10.

Exemple

Dans une usine, on prélève une ampoule à la sortie de la chaîne de production, on regarde si elle est défectueuse ou non, et on recommence 100 fois. On obtient un échantillon de taille 100.

Remarque

Dans le cas d'un tirage d'objets, pour que les expériences soient indépendantes, il faut que l'on remette chaque fois l'objet prélevé.

Or, souvent, le prélèvement se fait sans remise. Cependant, lorsque l'effectif total est très grand par rapport au nombre d'objets prélevés, on considère que l'échantillon est constitué, au sens de la définition donnée, avec remise, c'est-à-dire que les prélèvements sont indépendants les uns des autres.

II Loi des grands nombres

Propriété

On considère la proportion des individus ayant un caractère donné au sein d'une population.

Parmi les échantillons de taille n extraits de cette population, la fréquence d'apparition f du caractère varie selon l'échantillon prélevé.

Ce phénomène s'appelle **fluctuation d'échantillonnage**.

Exemple

Lors d'une élection, un candidat a reçu 58 % des suffrages. Si l'on prélève différents échantillons d'électeurs, la fréquence de personnes ayant voté pour ce candidat dans l'échantillon varie d'un échantillon à l'autre, tout en restant assez proche de 0,58.

Théorème

Loi des grands nombres

Soit p la proportion des individus ayant un caractère donné au sein d'une population.

Lorsque la taille n d'un échantillon est assez grande, sauf exception, la fréquence f du caractère observée dans l'échantillon est proche de la probabilité théorique p.

Remarque

L'idée est que plus on répète une expérience un grand nombre de fois, moins l'écart avec la probabilité théorique a de chances d'être important.

Exemple

On lance un dé équilibré et on regarde si on obtient 6.

La probabilité théorique est de $\frac{1}{6}$.

Si on lance le dé 10 fois de suite, il n'est pas si rare que la fréquence d'apparition du 6 soit éloignée de $\frac{1}{6}$. On pourrait, par exemple, avoir beaucoup de chance et obtenir 6 dans plus de 50 % des cas.

Par contre, si on lance le dé 100 fois, il devient beaucoup moins probable de s'éloigner autant de la probabilité théorique.

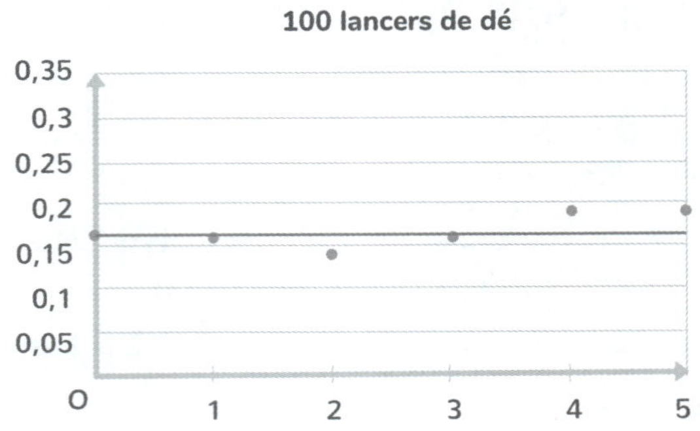

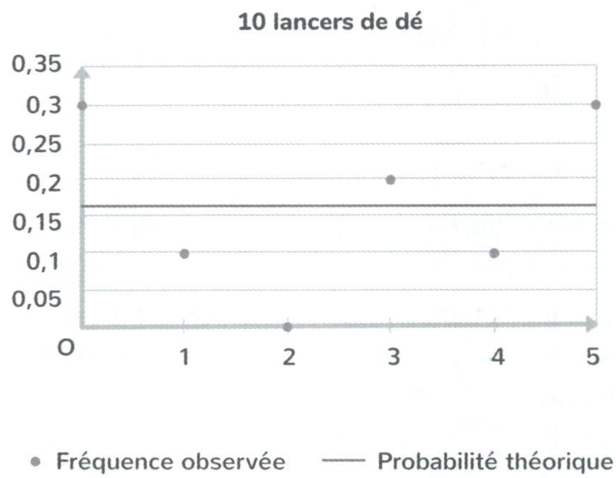

Dans les méthodes, on verra comment simuler une répétition d'expériences aléatoires dans un tableur, afin d'obtenir ces fréquences observées.

III Intervalles de fluctuation

A Principe

L'intervalle de fluctuation sert à estimer, lorsqu'on connaît la probabilité théorique, dans quel intervalle il est le plus probable que la fréquence observée se trouve.

Cet intervalle est centré autour de la probabilité théorique.

Exemple

Avec l'expérience précédente du lancer de dé, on réalise 100 échantillons de 100 lancers de dé et on note la fréquence d'obtention du chiffre « 6 ».

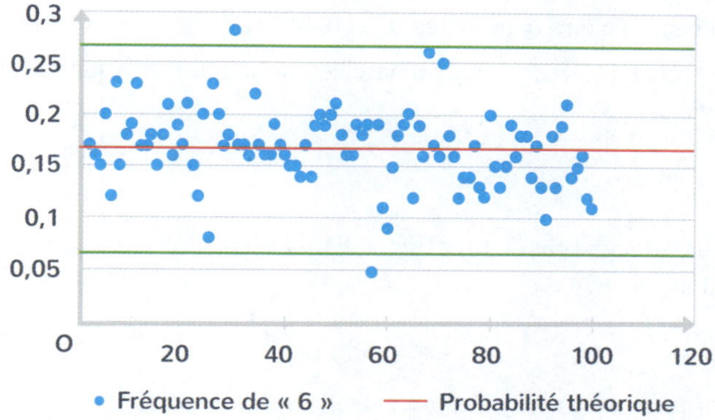

On observe que la plupart des fréquences obtenues sont dans un intervalle de fluctuation (ici délimité en vert).

Théorème **Intervalle de fluctuation au seuil de 95 %**

Soit p la proportion d'un caractère dans une population, n la taille de l'échantillon et f la fréquence du caractère observé.

On pose comme condition $0,2 \leq p \leq 0,80$ et $n \geq 25$.

Alors, la fréquence f est dans l'intervalle $\left[p-\frac{1}{\sqrt{n}} ; p+\frac{1}{\sqrt{n}}\right]$ avec une probabilité d'au moins 0,95.

Autrement dit, la fréquence observée se trouve dans cet intervalle dans au moins 95 % des cas, et il y a un risque de 5 % que cette fréquence ne se trouve pas dans cet intervalle.

Cet intervalle s'appelle **l'intervalle de fluctuation** au seuil de 95 %.

Remarque

Un échantillon n'est pas représentatif de la population, pour le caractère étudié, si sa fréquence n'appartient pas à l'intervalle de fluctuation.

Remarque

Le seuil de l'intervalle est aussi appelé niveau de confiance.

Exemple

Lors d'une élection, un candidat a reçu 58 % des suffrages ($p=0,58$). On prélève un échantillon de $n=100$ électeurs et on leur demande pour qui ils ont voté.

On a $0,2 \leq p \leq 0,8$ et $n \geq 25$, donc les conditions du théorème sont satisfaites.

L'intervalle de fluctuation à 95 % est l'intervalle :

$$\left[0,58-\frac{1}{\sqrt{100}};0,58+\frac{1}{\sqrt{100}}\right]=\left[0,48;0,68\right]$$

Donc la fréquence observée dans l'échantillon de personnes votant pour ce candidat a 95 % de chances d'être dans l'intervalle $\left[0,48;0,68\right]$.

On a une probabilité de 5 % que l'échantillon ne soit pas représentatif et soit en dehors de l'intervalle.

Remarque

Cet intervalle ne dépend pas de l'effectif total de la population mais uniquement de l'effectif de l'échantillon.

Remarque

On peut choisir d'autres seuils à la place de 95 %, qui donneront d'autres intervalles.

Plus on augmente la probabilité d'être dans l'intervalle, plus l'amplitude de l'intervalle augmente, et plus l'échantillon a de chances d'appartenir à l'intervalle. À l'inverse, on peut obtenir un intervalle plus petit en diminuant la probabilité d'être dans l'intervalle, mais cela devient moins utilisable.

Le niveau de confiance le plus fréquemment utilisé après 95 % est 99 %.

B Prise de décision sur un échantillon

On peut utiliser l'intervalle de fluctuation pour valider ou rejeter une hypothèse de probabilité théorique.

Théorème **Prise de décision**

On considère une population dans laquelle on suppose que la proportion d'un caractère est p. Pour vérifier si cette proportion p est plausible, on a prélevé un échantillon de taille n, dans lequel on observe une fréquence f de ce caractère.

Soit l'hypothèse : « La proportion de ce caractère dans la population est p ».

Si I est l'intervalle de fluctuation de la fréquence à 95 % pour les échantillons de taille n, alors :

- si $f \notin I$, on rejette cette hypothèse au seuil de risque 5 % ;
- sinon, on ne rejette pas cette hypothèse au seuil de risque 5 %.

Exemple

Un laboratoire annonce qu'un médicament sauve 40 % des patients atteints d'une maladie rare. Pour contrôler cette affirmation, on le teste sur 100 patients atteints de cette maladie.

La fréquence observée des malades sauvés est de 25 % ($f=0{,}25$).

Que penser de l'affirmation du laboratoire ?

On a $p=0{,}40$ et $n=100$, donc on a bien $0{,}2\leq p\leq 0{,}8$ et $n\geq 25$.

L'intervalle de fluctuation à 95 % de la fréquence des patients sauvés pour les échantillons de taille 100 est :

$$\left[0{,}40-\frac{1}{\sqrt{100}};0{,}40+\frac{1}{\sqrt{100}}\right]$$

soit $[0{,}30;0{,}50]$.

La fréquence observée, qui est 0,25, n'appartient pas à l'intervalle de fluctuation à 95 %, donc, au seuil de risque 5 %, on rejette l'hypothèse selon laquelle ce médicament sauve 40 % des malades.

IV Estimer une proportion à partir d'une fréquence observée

A Intervalle de confiance

Soit p la proportion d'un caractère dans une population, n la taille de l'échantillon et f la fréquence du caractère observé.

On vient de voir que la fréquence f d'un échantillon donné se situait dans l'intervalle $\left[p-\frac{1}{\sqrt{n}};p+\frac{1}{\sqrt{n}}\right]$ avec une probabilité d'au moins 0,95.

Autrement dit, parmi tous les échantillons de taille n possibles, 95 % ont leur fréquence observée dans cet intervalle.

Or, dire que $f\in\left[p-\frac{1}{\sqrt{n}};p+\frac{1}{\sqrt{n}}\right]$ équivaut à dire que $p\in\left[f-\frac{1}{\sqrt{n}};f+\frac{1}{\sqrt{n}}\right]$.

Définition **Intervalle de confiance**

Avec les notations ci-dessus, on appelle **intervalle de confiance** de p au niveau de confiance 0,95 l'intervalle :

$$\left[f-\frac{1}{\sqrt{n}};f+\frac{1}{\sqrt{n}}\right]$$

Parmi tous les échantillons de taille n possibles, 95 % de ces échantillons ont leur intervalle de confiance qui contient p.

Exemple

On a tracé ci-dessous les intervalles de confiance correspondant à 100 échantillons, et en rouge la proportion réelle dans la population.

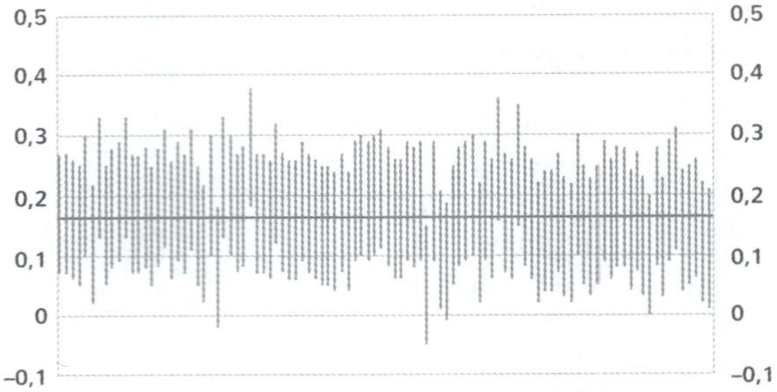

On observe que la plupart des intervalles contiennent cette proportion.

Si on traçait les intervalles de tous les échantillons possibles, 95 % d'entre eux contiendraient la proportion réelle.

B Application

Exemple

En vue d'une élection, on veut faire un sondage pour estimer quelle proportion des électeurs votera pour un candidat A.

Pour cela, on interroge 100 personnes.

39 % des personnes interrogées déclarent qu'elles vont voter pour le candidat A.

On note p la proportion de la population qui prévoit de voter pour le candidat A. L'intervalle de confiance de p au niveau de confiance 0,95 est :

$$\left[0{,}39-\frac{1}{\sqrt{100}};0{,}39+\frac{1}{\sqrt{100}}\right]=\left[0{,}29;0{,}49\right]$$

On peut donc supposer à 95 % que la proportion d'électeurs qui votera pour le candidat A se trouve dans l'intervalle [0,29;0,49].

Comme il faut un minimum de 50 % d'électeurs (soit une proportion de 0,5) pour être élu, on en déduit, avec un niveau de confiance de 95 %, que le candidat A ne sera pas élu.

À retenir

Le principe est similaire à l'intervalle de fluctuation, mais au lieu de partir de la probabilité pour estimer la fréquence, on part de la fréquence pour estimer la probabilité.

Remarque

Comme l'intervalle de fluctuation, cet intervalle ne dépend pas de l'effectif total de la population mais uniquement de l'effectif de l'échantillon.

Exercices

Exercice 1

On sait qu'en France, 31 % de la population est allergique aux acariens. On veut contrôler si cette proportion est valable dans une région donnée.

On prélève un échantillon de 450 personnes de cette région.

Quel est l'intervalle de fluctuation au seuil de 95 % de la fréquence f des personnes allergiques aux acariens dans les échantillons de 450 personnes ?

Exercice 2

Dans la population irlandaise, on estime que 62 % des habitants ont les yeux clairs. On veut vérifier si cette proportion est valable dans une ville d'Irlande.

On prélève un échantillon de 112 personnes dans cette ville.

Quel est l'intervalle de fluctuation au seuil 95 % de la fréquence des Irlandais ayant les yeux clairs dans les échantillons de cette taille ?

Exercice 3

Un sondage effectué auprès de 1 000 votants juste avant une élection comportant deux candidats (A et B) donne 400 votes pour le candidat A.

Quel est l'intervalle de confiance au seuil de 95 % de la proportion des votants ayant prévu de voter pour le candidat A ?

Exercice 4

Une ville de province compte 100 000 habitants. Pour les élections municipales à venir, un sondage est réalisé auprès d'un panel de 100 personnes, sur lesquelles 55 affirment vouloir réélire le maire sortant.

Quel est l'intervalle de confiance au seuil de 95 % de la proportion des votants ayant prévu de voter pour le maire sortant ?

Chapitre 16

Proportions et pourcentage

I Définitions

Définition **Population**

On appelle **population** l'ensemble des individus étudiés.

Exemples

- Les enfants nés à Paris en 2000 représentent une population.
- Les voitures produites dans une usine au cours du mois de février 2010 représentent également une population.

Définition **Sous-population**

Une **sous-population** d'une population donnée est un sous-ensemble de cette population.

Exemple

Les enfants nés à Paris au mois de mai 2000 représentent une sous-population des enfants nés à Paris en 2000.

Définition **Effectif**

L'**effectif total** est le nombre d'individus que contient la population.

L'**effectif** d'une sous-population est le nombre d'individus qu'elle contient.

II Proportions et pourcentages

A Proportions

Propriété Soient N l'effectif total d'une population et n l'effectif d'une sous-population.

La proportion de la sous-population dans la population est égale à : $\frac{n}{N}$.

■ Exemple

On considère une **population** de 25 élèves d'une classe de seconde.

Dans cette classe, 12 élèves font de l'anglais. Ces élèves forment une **sous-population**.

La proportion d'élèves qui font de l'anglais dans cette population est :

$p=\frac{12}{25}=0{,}48$

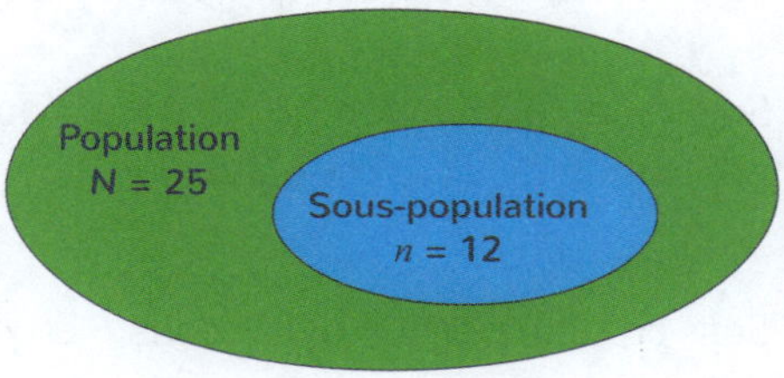

B Pourcentages

Une proportion peut être exprimée sous forme de pourcentage.

■ Exemple

$p=\frac{12}{25}=0{,}48$ correspond à 48 % car $0{,}48=\frac{48}{100}$.

À retenir

Le pourcentage est simplement l'une des façons possibles d'exprimer une proportion.

Propriété Pour déterminer l'effectif correspondant à un pourcentage d'une population, on **multiplie** ce pourcentage par l'effectif total de la population.

Ainsi, p %d'une population d'effectif N correspond à $\frac{p}{100} \times N$.

Exemple

Dans une ville de 20 000 habitants, 75 % des habitants ont un animal de compagnie.

Le nombre d'habitants ayant un animal de compagnie est donc :

$$n = \frac{75}{100} \times 20\,000 = 15\,000$$

15 000 habitants ont un animal de compagnie dans cette ville.

C Proportions de proportions

Dans certains cas, on est amené à calculer plusieurs proportions imbriquées.

Propriété Soit P une population, P_1 une sous-population de P et P_2 une sous-population de P_1, c'est-à-dire :

$P_2 \subset P_1 \subset P$

Soit p_1 la proportion de P_1 dans P et p_2 la proportion de P_2 dans P_1.

La proportion de P_2 dans P est :

$$p = p_2 \times p_1$$

Exemple

Considérons une ville où 75 % des habitants ont un animal de compagnie. Parmi eux, 60 % ont un chien.

On cherche à calculer la proportion des habitants de la ville qui ont un chien.

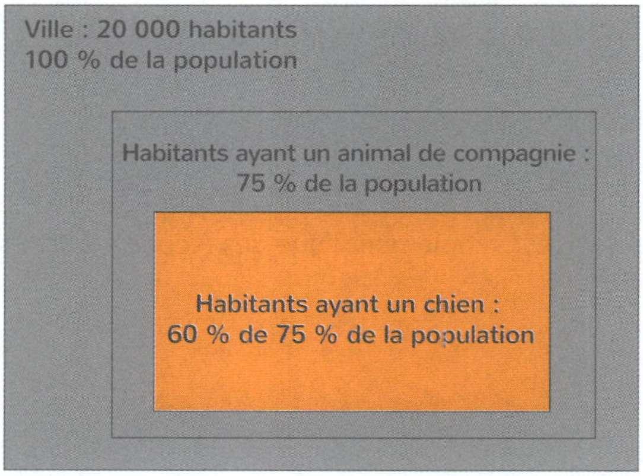

Le pourcentage d'habitants de la ville ayant un chien est :

$$p' = \frac{60}{100} \times \frac{75}{100} = \frac{4500}{10000} = \frac{45}{100} = 45\ \%$$

En conclusion, 45 % des habitants de la ville ont un chien.

Remarque

Cette propriété est valable que l'on exprime la proportion sous forme de pourcentage ou pas.

III Évolution d'un effectif

A Variation absolue et relative

Définition **Variation absolue**

La variation absolue entre deux quantités se calcule en posant :

$$\text{Quantité finale} - \text{Quantité initiale}$$

Exemple

Un prix passe de 50 € à 30 €.

La variation absolue est de $30 - 50 = -20$: le prix diminue de 20 €.

Définition **Variation relative**

La variation relative entre deux quantités se calcule en posant :

$$\frac{\text{Quantité finale} - \text{Quantité initiale}}{\text{Quantité initiale}}$$

La variation relative est aussi appelée « taux d'évolution ».

Exemple

Un prix passe de 50 € à 30 €.

La variation relative est de $\frac{30-50}{50} = \frac{-20}{50} = -\frac{2}{5} = -0,4 = -\frac{40}{100} = -40\ \%$.

Le taux d'évolution est de –40 %, il est négatif, donc le prix diminue de 40 %.

B Coefficients multiplicateurs

Propriété

- Augmenter un nombre de p % revient à le multiplier par $\left(1+\frac{p}{100}\right)$.
- Diminuer un nombre de p % revient à le multiplier par $\left(1-\frac{p}{100}\right)$.
- $\left(1+\frac{p}{100}\right)$ et $\left(1-\frac{p}{100}\right)$ sont appelés **coefficients multiplicateurs**.

Exemple

Une population de 2 000 habitants voit son effectif augmenter de 25 %.

Son nouvel effectif est de :

$$n' = 2\,000 \times \left(1+\frac{25}{100}\right) = 2\,000 \times \frac{125}{100} = 2\,000 \times 1,25 = 2\,500$$

Remarque

Réciproquement, multiplier une quantité par $1+\frac{p}{100}$ (ou $\left(1-\frac{p}{100}\right)$) revient à l'augmenter (ou diminuer) de p %.

Exemple

Multiplier un prix par 1,04 revient à l'augmenter de 4 % car $1,04 = 1+\frac{4}{100}$.

C Évolutions successives

Dans certains cas, une quantité peut subir plusieurs évolutions à la suite.

Exemple

Un placement à la banque rapporte 2 % d'intérêts la première année et 3 % d'intérêts la deuxième année.

On appelle C le capital d'argent placé initialement à la banque.

À l'issue de la première année, notre capital a été augmenté de 2 %.

Le capital obtenu est donc : $C_1 = C \times (1+\frac{2}{100})$.

À l'issue de la deuxième année, notre capital est augmenté de 3 %, mais notre point de départ n'est plus le capital initial C, c'est le nouveau capital C_1.

On obtient donc : $C_2 = C_1 \times (1+\frac{3}{100}) = C \times (1+\frac{2}{100}) \times (1+\frac{3}{100})$.

Pour obtenir le capital final, on a donc multiplié successivement par les deux coefficients multiplicateurs.

Le coefficient multiplicateur final est le produit des deux coefficients multiplicateurs intermédiaires :
$(1+\frac{2}{100})\times(1+\frac{3}{100})=\frac{102}{100}\times\frac{103}{100}=\frac{10\,506}{10\,000}=1{,}0506$

Propriété Le coefficient multiplicateur de l'évolution globale correspondant à plusieurs évolutions successives est égal au produit des coefficients multiplicateurs intermédiaires.

✗ Piège
Le taux d'évolution global n'est pas égal à la somme des taux d'évolutions successifs.

Exemple
Une population augmente de 10 %. Puis elle diminue de 10 %.

Sa nouvelle population est :

$$P' = P\times\left(1-\frac{10}{100}\right)\times\left(1+\frac{10}{100}\right)=P\times 0{,}9\times 1{,}1=P\times 0{,}99$$

Comme $P\times 0{,}99=P\times\left(1-\frac{1}{100}\right)$, la population a, au final, diminué de 1 %.

La raison est que lorsqu'on applique les 10 % la deuxième fois, ils s'appliquent sur une population plus grande que la population initiale. Ils représentent donc plus d'individus que les premiers 10 % d'augmentation.

D Évolution réciproque

Il arrive que l'on connaisse la valeur d'une quantité après une évolution et que l'on cherche sa valeur initiale avant l'évolution. On cherche alors l'**évolution réciproque**.

Exemple
Un t-shirt soldé à 30 % est mis en vente au prix de 7 €.

On appelle p_i le prix initial et p_f le prix final.

La relation entre les deux prix est :

$$p_f = p_i\times\left(1-\frac{30}{100}\right)=p_i\times 0{,}7$$

Le coefficient multiplicateur est 0,7.

On souhaite retrouver le prix initial.

En utilisant l'égalité ci-dessus, on a : $7=p_i\times 0{,}7$

Donc : $p_i=\frac{7}{0{,}7}=10$.

On a divisé le prix final par le coefficient multiplicateur pour retrouver le prix initial.

Propriété Le coefficient multiplicateur c' d'une évolution réciproque est l'inverse du coefficient multiplicateur c de l'évolution initiale.

Autrement dit, si c est le coefficient multiplicateur pour passer d'une quantité Q à la quantité Q', alors $c' = \frac{1}{c}$ est le coefficient multiplicateur pour passer de Q' à Q.

Exemple

Une population augmente de 10 %, c'est-à-dire qu'elle est multipliée par 1,10.

Pour retrouver la population initiale à partir de la nouvelle population, on doit **diviser** par 1,10.

Remarque

Si c est le coefficient multiplicateur d'une évolution et c' celui de l'évolution réciproque, alors $c \times c' = 1$, puisqu'on revient, par définition, au point de départ.

Propriété Le taux d'évolution réciproque t' est donné par : $t' = c' - 1 = \frac{1}{c} - 1$.

Exemple

Une population augmente de 60 %, c'est-à-dire qu'elle est multipliée par $c = \left(1 + \frac{60}{100}\right) = 1{,}60$.

Pour retrouver la population initiale à partir de la nouvelle population, on doit **diviser** par 1,60.

On a donc $c' = \frac{1}{1{,}60} = 0{,}625$.

On multiplie par 0,625 pour retrouver la population initiale.

Or, $0{,}625 - 1 = -0{,}375$.

Le taux d'évolution réciproque est donc –37,5 %.

Après une augmentation de 60 %, il faut que la nouvelle population diminue de 37,5 % pour retrouver la population initiale.

Piège

Le taux d'évolution réciproque n'est pas égal à l'opposé du taux d'évolution initial.

Exemple

Un t-shirt coûtant initialement 10 € est soldé à 30 % pour arriver à un prix de 7 €.

Si on augmente de 30 % le prix obtenu, on obtient :

$(1 + \frac{30}{100}) \times 7 = 1{,}3 \times 7 = 9{,}1 \neq 10$

Augmenter le nouveau prix de 30 % ne permet pas de revenir au prix initial, car 30 % de 7 € ne sont pas égaux à 30 % de 10 €, ils ne correspondent pas à la même variation absolue.

THÈME 5

ALGORITHMIQUE ET PROGRAMMATION

Chapitre 17

Algorithmique et programmation

Un programme informatique est une suite d'instructions que l'on va faire exécuter par une machine. On peut rédiger cette suite d'instructions en français, mais pour que la machine la comprenne, on passe par un langage informatique avec un format défini de façon précise.

Il existe plusieurs langages informatiques, mais ici on utilisera le langage « Python ». On verra au fur et à mesure comment utiliser ce langage.

I Instructions de base

Voyons d'abord quelques instructions de base en Python, de sorte que l'on puisse construire nos premiers programmes.

A Calculs

Comme avec une calculatrice, on peut faire les opérations de base :

```
5+3
```

renvoie

```
8
```

On a le tableau d'opérations suivantes en Python :

Symboles	Opérations
+	addition
-	soustraction
*	multiplication
/	division
**	puissance

Remarque

On peut aussi faire des divisions euclidiennes, avec un quotient et un reste :

- `a//b` renvoie le quotient de la division euclidienne de a par b.
- `a%b` renvoie le reste de la division euclidienne de a par b.

Exemple

- `9//4` renvoie `2` .
- `9%4` renvoie `1` .

B Commentaires

Souvent, lorsqu'on écrit un programme, on a besoin d'y ajouter des commentaires pour expliquer ce que l'on fait, surtout si on est plusieurs à développer ou à utiliser un même code.

Il ne faut pas que la machine lise ces commentaires, il faut donc lui indiquer quel est le texte à ignorer. En Python, cela se fait en plaçant le symbole # au début du texte à ignorer.

Exemple

```
5+3 #ici un commentaire
#ici un autre commentaire
```

La machine effectue $5+3$ en ignorant les commentaires.

C Entrées et sorties

En plus des calculs de base, Python contient un certain nombre de fonctions prédéfinies, qui permettent en particulier :

- d'afficher un texte, avec la fonction `print` ;
- de demander quelque chose à l'utilisateur et d'enregistrer son entrée, avec la commande `input` .

1. Entrée

Pour récupérer la donnée saisie par l'utilisateur, on utilisera la fonction `input` .

Exemple

L'instruction

```
input(«Entrez un texte»)
```

affiche : « Entrez un texte »

puis récupère l'entrée de l'utilisateur.

input récupère également l'entrée de l'utilisateur, mais sans afficher de texte.

Par contre, si on ne peut pas enregistrer cette entrée en mémoire, ça n'a pas beaucoup d'intérêt, car on ne peut alors pas l'utiliser.

2. Sortie

Pour l'affichage, on utilisera en Python la fonction **print** en mettant entre parenthèses ce que l'on veut afficher.

Exemple

L'instruction

```
print(«Bonjour»)
```

affiche : *Bonjour*

Exemple

L'instruction

```
print(5)
```

affiche : *5*

II Variables

A Définition

Définition **Variable**

Une variable est une « boîte » virtuelle qui correspond à une case mémoire de la machine, dans laquelle on peut stocker un nombre, un caractère, un texte, etc.

Sur cette boîte, on met une étiquette, pour que le programme s'y retrouve : ce sera le **nom de la variable**.

Remarque

On ne peut pas choisir n'importe quel nom de variable. Certaines instructions de base, comme celles que nous verrons ensuite, ont un nom protégé. Par exemple, il est interdit d'appeler une variable « **if** ».

B Affectation et utilisation

Définition **Affecte**

Quand on attribue une valeur à une variable, on dit que l'on **affecte** une valeur à la variable.

■ Exemple

En langage naturel :

L'instruction :

mon_nombre ← 5

veut dire que l'on affecte la valeur 5 à la variable « **mon_nombre** », c'est-à-dire que l'on met la valeur 5 dans la case mémoire qui porte l'étiquette « **mon_nombre** ».

En Python :

En Python, on utilise le signe = pour affecter une valeur à une variable :

```
mon_nombre = 5
```

Pour utiliser une variable, il suffit d'écrire son nom et, au moment de l'exécution, le programme ira chercher sa valeur.

■ Exemple

On considère le programme suivant :

```
mon_nombre = 5
mon_nombre + 3
```

À la première ligne, ce programme affecte la valeur 5 à la variable **mon_nombre**.

À la deuxième ligne, il remplace « **mon_nombre** » par sa valeur, donc 5, et calcule $5+3=8$.

C Type d'une variable

Les variables peuvent être de différents types. Du type dépend l'espace utilisé par la variable en mémoire, et aussi l'utilisation que le programme peut en faire.

Le type d'une variable peut être, par exemple :

- Un **nombre entier**, positif ou négatif

■ **Exemple**

`0, 1, 35, 427, -6, -12 345`

- Un **nombre à virgule flottante**, positif ou négatif. Cela correspond à un nombre réel.

  Exemple
  `0.24, 1/3, -1.467789`

- Un **caractère**

  Exemple
  `'a', 'b', '1', ';'`

- Une **chaîne de caractères**

  Exemple
  `« Ceci est une chaîne de caractères »`

- Une « valeur **booléenne** », qui ne peut prendre que deux valeurs qui représentent « **vrai** » ou « **faux** ».

  Exemple
  `True` et `False` sont des booléens.

Remarque

La notation des types de variables et les types de variables acceptés dépend des langages de programmation. En Python, le type « caractère », par exemple, n'est pas défini, mais uniquement le type « chaîne de caractères ».

Astuce

Tableau des principaux types utilisés en Python :

Français	Anglais	Python
Nombre entier	Integer	`int`
Nombre à virgule flottante	Floating point number	`float`
Chaîne de caractères	Character string	`str`
Valeur booléenne	Boolean	`bool`

Remarque

Un entier est aussi un réel, donc on pourrait mettre un entier dans une variable de type « float ».

En fait, l'intérêt de séparer les deux est :

- de mieux gérer la mémoire. En effet, un entier prend moins de place qu'un réel, et donc on prévoit une taille de boîte plus petite. Il existe même des types différents selon la taille des entiers, si besoin.
- de savoir comment arrondir lors d'un calcul. Les entiers seront arrondis à l'unité, alors qu'avec une variable de type « float », on pourra avoir des chiffres après la virgule.

À retenir

Il faut faire attention au type des variables dans les instructions, car chaque opération n'accepte que certains types.

Exemple

Le programme suivant :

```
var = 'a'
var + 2
```

renvoie une erreur, car la variable **var** est un caractère, ce n'est pas un nombre auquel on peut ajouter 2.

D Déclaration de variables

Dans certains langages, on doit déclarer chaque variable avec son type, avant de commencer le programme.

Exemple

En langage C :

```
int mon_nombre;
```

veut dire « réserve une case vide d'étiquette «**mon_nombre**» qui contiendra des nombres entiers, et rien d'autre. »

En Python, l'ordinateur décide tout seul du type de la variable lorsqu'on la crée et il n'y a pas besoin de le déclarer.

Exemple

Si j'écris en Python :

```
mon_nombre = 5
```

et que la variable **mon_nombre** n'existe pas déjà, la machine va automatiquement créer cette variable avec le type «int» (entier qui correspond à 5).

Remarque

En Python, la fonction **type()** appliquée à une variable renvoie son type.

Exemple

L'instruction

```
type(mon_nombre)
```

avec la variable précédente, renvoie « **int** ».

Remarque

Si jamais on a besoin, on peut aussi « forcer le type » de la variable, c'est-à-dire imposer un type donné à la variable.

Exemple

L'instruction

```
int(nom_de_variable)
```

force la machine à considérer **nom_de_variable** comme un entier dans la suite du programme.

Cette instruction peut changer la valeur de la variable :

Exemple

Le programme suivant

```
var = 5.2
var=int(var)
print(var)
```

affiche 5, et non 5.2, car le programme a arrondi lors du changement de type, pour que cela « rentre » dans une variable de type entier.

Piège

Par défaut, le type obtenu avec input() est une chaîne de caractères.

Par conséquent, le programme suivant :

```
entree=input(«Entrez un nombre»)
entree + 3
```

renvoie un message d'erreur si l'utilisateur entre la valeur 5, car la machine l'interprète comme un caractère, et non comme un nombre.

Pour que le programme fonctionne, il faut préciser à Python que l'entrée doit être un entier.

Ainisi, le programme suivant

```
entree=int(input(«Entrez un nombre»))
entree + 3
```

va bien renvoyer la valeur 8, si l'utilisateur a saisi la valeur 5, car la variable entree est bien considérée comme un nombre entier.

Dans la pratique, il faut donc toujours vérifier ce qu'entre l'utilisateur.

Exemple

Par exemple pour le programme précédent, il faudrait en fait vérifier que l'utilisateur rentre bien un nombre entier. Si l'utilisateur entre une lettre, le programme va planter car il ne pourra pas mettre la lettre dans une variable de type entier. Pour cela, on va avoir besoin de pouvoir tester des conditions.

III Instructions conditionnelles

On a parfois besoin de tester une condition et d'exécuter des instructions différentes selon le résultat obtenu.

■ Exemple

Demander «Combien font 5+5 ?»

Si l'utilisateur répond 10, renvoyer Vrai.

Sinon, renvoyer Faux.

En Python, on utilise pour cela les mots-clés «**if**» et «**else**».

```
print («Combien font 5+5 ?»)
#On met ce que l'utilisateur répond en tant que type float
#dans la variable réponse.
reponse = float(input())
if reponse==10:
        print(«C'est vrai.»)
else:
        print(«C'est faux.»)
```

La structure en Python est la suivante :

```
if <condition> :
        groupe d'instructions 1
else :
        groupe d'instructions 2
```

Conseil

On distingue les groupes d'instructions grâce à l'**indentation**, c'est-à-dire le retrait devant le texte. La présentation du programme est donc importante.

On peut tout à fait imbriquer plusieurs conditions.

■ Exemple

```
print («Combien font 5+5 ?»)
reponse = float(input())
if reponse==10:
   print(«C'est vrai.»)
else:
   if reponse > 10:
         print(«C'est trop grand.»)
   else:
         print(«C'est trop petit.»)
```

■ Exemple

On veut écrire un programme qui demande un nombre à l'utilisateur, et renvoie sa valeur absolue.

pour tout nombre réel x :

$$|x| = \begin{cases} x \ si \ x > 0 \\ -x \ si \ x < 0 \end{cases}$$

On va donc tester si le nombre donné est positif ou non, pour calculer et renvoyer sa valeur absolue.

On obtient les programmes suivants.

- **En Python**

```
nombre = float(input(« Entrez un nombre »))
if nombre > 0 :
 resultat = nombre
else :
 resultat = (-1) * nombre
print(resultat)
```

- **En langage naturel**

Demander un nombre à l'utilisateur

```
nombre ← le nombre reçu
Si nombre > 0
Alors resultat ←  nombre
Sinon resultat ←  (-1) * nombre
Afficher resultat
```

IV Boucle bornée (for)

Pour répéter des instructions un nombre fixé de fois, on peut utiliser une « boucle for ». On indique le nombre de répétitions à faire, et le groupe d'instructions concernées.

A En langage naturel

1. Première possibilité

Répéter <nombre de fois> **fois**

< groupe d'instructions >

■ Exemple

- **En langage naturel**

```
nombre ← 0
répéter 4 fois
 afficher («Nombre a pour valeur», nombre)
 nombre ← nombre + 1
afficher («Terminé»)!
```

- **Résultat**

Nombre a pour valeur 0

Nombre a pour valeur 1

Nombre a pour valeur 2

Nombre a pour valeur 3

Terminé !

- **Explication**

Il y a deux instructions dans la boucle, l'affichage, et le fait d'augmenter la valeur de nombre de 1. L'instruction « afficher («Terminé!») » n'est pas dans la boucle, on ne la fait donc qu'une fois.

Remarque

Avec l'instruction `nombre ← nombre + 1`, on augmente la valeur de `nombre`, mais **après** l'affichage, c'est pourquoi on affiche des valeurs de 0 à 3 et non de 1 à 4.

2. Deuxième possibilité

```
Pour compteur de nb_depart à nb_arrivee faire!
    < groupe d'instructions >
```

Ici, « `compteur`! » est une variable entière qui sert de compteur de tours. On lui donne bien sûr le nom qu'on veut.

La valeur de cette variable est augmentée de 1 automatiquement à chaque tour : il n'y a pas besoin de faire une instruction supplémentaire pour la modifier.

■ Exemple

- **En langage naturel**

```
Pour i de 1 à 4 faire
 afficher («i a pour valeur», i)
afficher («Terminé !»)
```

- **Résultat**

  i a pour valeur 1

  i a pour valeur 2

  i a pour valeur 3

  i a pour valeur 4

  Terminé !

B En Python

En Python, on peut utiliser la fonction « **range(n)** » pour exécuter la boucle n fois.

```
for compteur in range(<nombre de fois>):
    <instructions>
```

■ Exemple

- **En Python**

```
for i in range(4):
  print(«i a pour valeur», i)
print(«Fini»)!
```

- **Résultat**

  i a pour valeur 0

  i a pour valeur 1

  i a pour valeur 2

  i a pour valeur 3

  Fini !

✗ **Piège**

Avec range(), le compteur part de 0, c'est pourquoi la variable compteur i va ici de 0 à 3 et non de 1 à 4.

C Application

Dans cet exemple d'application, on veut écrire un programme qui donne la somme des dix premiers entiers, c'est-à-dire la somme 1 + 2 + 3 + 4 + 5 +6 + 7 + 8 + 9 + 10.

On propose l'algorithme suivant :

- créer une variable « somme » qui est égale à 0 au départ ;
- lui ajouter 1, puis 2, puis 3, et ainsi de suite jusqu'à 10 ;
- afficher la valeur finale de « somme ».

Programmes obtenus :

- **En langage naturel**

```
somme ← 0
Pour compteur de 1 à 10 faire
    somme ← somme + compteur
Afficher (somme)
```

- **En Python**

```
somme = 0
for compteur in range(10):
    somme = somme + compteur
print (somme)
```

✗ Piège

Dans la version en Python, la variable compteur va de 0 à 9, c'est pourquoi on ajoute « **compteur +1** » et non pas « **compteur** » comme dans le premier programme.

V Boucle non bornée (while)

Parfois, on ne connaît pas à l'avance le nombre de fois que l'on veut exécuter une boucle, mais on sait à quelle condition il faut s'arrêter.

On va alors utiliser l'instruction « **while** », ou en français « **tant que** ».

En langage naturel, on aura une suite d'instructions de la forme :

```
Tant que <condition>
    < groupe d'instructions >
```

La condition peut être vérifiée ou non, c'est-à-dire qu'elle peut prendre uniquement deux valeurs possibles : vrai ou faux.

En Python, on utilise l'instruction : **while <condition>**.

■ Exemple

- **En langage naturel**

```
nombre ← 0
Tant que nombre <5
  afficher («nombre a pour valeur», nombre)
  nombre ← nombre + 1
afficher («La valeur finale de la variable «nombre» est :», nombre)
```

- **En langage Python**

```
nombre = 0
while nombre < 5:
  print("nombre a pour valeur", nombre)
  nombre=nombre+1
print('La valeur finale de la variable "nombre" est :', nombre)
```

- **Résultat**

nombre a pour valeur 0

nombre a pour valeur 1

nombre a pour valeur 2

nombre a pour valeur 3

nombre a pour valeur 4

La valeur finale de la variable «nombre» est : 5

✖ Piège

Avec les boucles « `while` », il faut veiller à ce que la boucle finisse par s'arrêter ! Dans l'exemple précédent, par exemple, si on oublie d'augmenter la valeur de la variable `nombre` à chaque boucle, sa valeur reste à 0 et la boucle tourne à l'infini, ce qui bloque le programme et la machine.

VI Fonction

Pour un programme avec des blocs qui se répètent, ou une suite d'instructions plus complexe, on peut être amené à utiliser la notion de **fonction** ou « **procédure** ».

Il s'agit de découper un programme complexe en plus petits blocs que l'on appellera fonctions et que l'on pourra réutiliser.

A Définition d'une fonction

Pour définir une fonction, il faut préciser :

- son nom ;
- les paramètres dont elle a besoin pour fonctionner ;
- ce qu'elle renvoie.

✗ Piège

Une fonction n'est pas censée savoir ce qui se passe dans le programme principal. Elle doit être indépendante.

Exemple

Par exemple, la façon dont on définit le calcul du carré d'un nombre ne dépend pas du problème dans lequel on l'utilise.

En Python, on utilise la structure suivante :

```
def <nom de la fonction>(<liste de paramètres>):
    <instructions>
    return <ce qu'elle renvoie>
```

Exemple

La fonction suivante calcule l'aire d'un rectangle, dont la longueur et largeur sont indiquées en paramètre.

```
def aire_rectangle(longueur, largeur):
    resultat = longueur * largeur
    return resultat
```

Remarque

Il est possible de ne pas avoir besoin de paramètre, on mettra alors des parenthèses vides.

Remarque

En Python, la fonction doit forcément renvoyer quelque chose. Si on ne veut rien renvoyer, on pourra utiliser le mot-clé « `None` » : `return None`.

B Utilisation d'une fonction

Dans le reste du programme, on peut faire appel à une fonction en utilisant son nom et en mettant entre parenthèses les paramètres demandés.

Exemple

Le programme Python suivant affiche l'aire du rectangle de longueur x de largeur y, puis celle du rectangle de longueur 3 et de largeur 2.

- En Python :

```
#definition de la fonction
def aire_rectangle(longueur, largeur):
 return longueur*largeur
#Programme principal
x=10
y=5
print("Aire 1 : " 'aire_rectangle(x,y))
print("Aire 2 : " 'aire_rectangle(3,2))
```

- Le programme renvoie :

Aire 1 : 50

Aire 2 : 6

✕ Piège

L'ordre des paramètres est important.

Exemple

On définit une fonction « soustraction » qui soustrait deux nombres et renvoie le résultat, puis on l'utilise.

- En Python :

```
def soustraction(a, b):
      return a-b
print("10 - 5 = " 'soustraction(10,5))
print("5 - 10 = " 'soustraction(5,10))
```

- Le programme renvoie :

$10-5=5$

$5-10=-5$

✕ Piège

Le nom des paramètres ne concerne que l'intérieur de la fonction.

Dans le programme principal, ces paramètres ne doivent pas s'appeler obligatoirement « longueur » et « largeur ». À l'inverse, le programme pourrait contenir des variables nommées « largeur » et « longueur » qui n'ont rien à voir avec les paramètres de la fonction.

Exemple

Le programme suivant retourne « 25 » car $5^2 = 25$.

```
def carre (x):
  return x*x
cote = 5
x= 3
print(carre(cote))
```

C'est donc la valeur de « **cote** » que la fonction prend en paramètre, même si il y a une variable nommée **x** dans le programme.

Le « **x** » du bloc fonction fait référence au paramètre, il contient la valeur qu'on a donné à la fonction (ici, 5), et pas à la variable « **x** » du programme.

Remarque

Les commandes **print()**, **int()** ou **input()** que l'on a utilisées jusqu'à présent sont en fait des fonctions qui sont déjà intégrées à Python, c'est-à-dire qu'elle sont déjà définies sans qu'on ait besoin de le faire, prêtes à être utilisées.

Exercices

Exercice 1

On considère le programme suivant :

```
def aire(largueur, longueur):
  aire = largeur * longueur
  return aire
a = aire(5, 12)
```

Quelle est la valeur de la variable a après exécution de ce programme ?

Exercice 2

Écrire un programme qui demande l'âge d'une personne et affiche **"20 euros"** si elle a au moins 18 ans et **"12 euros"** sinon.

Exercice 3

On considère le programme suivant :

```
consigne = 'Hello world'
a = input(«Donner un mot»)
if a == 'Hello':
  print(consigne)
```

Quel est le type de la variable **consigne** ?

Exercice 4

On considère le programme suivant pour lequel on utilise l'instruction randint(a, b) qui renvoie un entier choisi aléatoirement entre a et b, a et b étant compris :

```
from random import randint
n = 1
while randint(1, 6)!= 6:
  n = n + 1
print(n)
```

À quoi correspond l'affichage du résultat ?

Exercice 5

On considère le programme suivant :

```
a = 240
cpt = 0
while a>7:
  cpt = cpt+1
    a = a//2
print(cpt)
```

On suppose que l'utilisateur lance le programme.

Que va-t-il se passer ?

Corrigés

Chapitre 1

Exercice 1

1,5678 possède 5 chiffres significatifs.

Pour arrondir à 3 chiffres significatifs, il faut garder les deux premiers et arrondir le troisième, soit 1,57car 678 est plus proche de 700 que de 600.

L'arrondi de 1,5678 à trois chiffres significatifs est 1,57.

Exercice 2

1. $A = \frac{20755}{9488} - \frac{3}{8} = \frac{593 \times 35}{593 \times 16} - \frac{3}{8} = \frac{35}{16} - \frac{3}{8} = \frac{35}{16} - \frac{6}{16} = \frac{29}{16}$

On ne peut plus réduire cette fraction.

2. $A = \frac{29}{16} = 1{,}8125$, donc :

$A \in \mathbb{D}$, $A \in \mathbb{Q}$ et $A \in \mathbb{R}$.

Exercice 3

$2{,}5 \in \mathbb{D}$, $2{,}5 \in \mathbb{Q}$ et $2{,}5 \in \mathbb{R}$.

$\frac{8}{2} = 4$, donc $\frac{8}{2} \in \mathbb{N}$, $\frac{8}{2} \in \mathbb{Z}$, $\frac{8}{2} \in \mathbb{D}$, $\frac{8}{2} \in \mathbb{Q}$ et $\frac{8}{2} \in \mathbb{R}$.

$\frac{-16}{5} = -3{,}2$, donc $\frac{-16}{5} \in \mathbb{D}$, $\frac{-16}{5} \in \mathbb{Q}$ et $\frac{-16}{5} \in \mathbb{R}$.

$\sqrt{9} = 3$, donc $\sqrt{9} \in \mathbb{N}$, $\sqrt{9} \in \mathbb{Z}$, $\sqrt{9} \in \mathbb{D}$, $\sqrt{9} \in \mathbb{Q}$ et $\sqrt{9} \in \mathbb{R}$.

$2\pi \in \mathbb{R} \setminus \mathbb{Q}$.

Exercice 4

Comme a et b sont des nombres décimaux, on peut les écrire sous forme d'un quotient d'un nombre entier relatif par une puissance de 10.

Il existe donc k , k' entiers relatifs et m et m' entiers naturels tels que :

$$a=\frac{k}{10^m} \quad \text{et} \quad b=\frac{k'}{10^{m'}}$$

Donc $a\times b=\frac{k}{10^m}\times\frac{k'}{10^{m'}}=\frac{k\times k'}{10^m\times 10^{m'}}=\frac{k\times k'}{10^{m+m'}}$.

Comme le produit des deux entiers relatifs k et k' est aussi un entier relatif, et que $10^{m+m'}$ est bien une puissance de 10, le produit $a\times b$ est bien un nombre décimal.

Il est donc aussi rationnel et réel.

Exercice 5

Le quotient de deux nombres décimaux est obligatoirement un nombre rationnel.

En effet, comme a et b sont des nombres décimaux, on peut les écrire sous forme d'un quotient d'un nombre entier relatif par une puissance de 10.

Il existe donc k , k' entiers relatifs $k'\neq 0$ et m et m' entiers naturels tels que :

$$a=\frac{k}{10^m} \quad \text{et} \quad b=\frac{k'}{10^{m'}}.$$

Donc $\frac{a}{b}=\frac{\frac{k}{10^m}}{\frac{k'}{10^{m'}}}=\frac{k}{10^m}\times\frac{10^{m'}}{k'}=\frac{k\times 10^{m'}}{k'\times 10^m}$.

Comme $k\times 10^{m'}$ et $k'\times 10^m$ sont des entiers relatifs, le quotient est un nombre rationnel.

Par contre, ce n'est pas forcément un nombre décimal.

Par exemple : $\frac{\frac{5}{10}}{\frac{7}{10}}=\frac{5}{10}\times\frac{10}{7}=\frac{5}{7}$ n'est pas un nombre décimal.

Enfin, c'est aussi un nombre réel.

Chapitre 2

Exercice 1

L'intervalle $]-\infty;5]$ représente l'ensemble des réels inférieurs ou égaux à 5.

Or, $5 \leq 5$.

Le réel 5 appartient donc à l'intervalle $]-\infty;5]$.

$5 \in]-\infty;5]$

Exercice 2

L'intervalle $]-2;+\infty[$ représente l'ensemble des réels supérieurs à –2.

Or, $-3 \leq -2$.

Le réel –3 n'appartient donc pas à l'intervalle $]-2;+\infty[$.

$-3 \notin]-2;+\infty[$

Exercice 3

$]1;3[$

Exercice 4

]–5;–1[

On cherche l'ensemble des nombres dont la distance à –3 est strictement inférieure à 2.

Il s'agit de tous les nombres compris entre –5 et –1, bornes exclues.

Exercice 5

[–3;5]

On cherche l'ensemble des nombres dont la distance à 1 est inférieure ou égale à 4.

Il s'agit de tous les nombres compris entre –3 et 5, bornes incluses.

Chapitre 3

Exercice 1

1. On sait que :

$\sqrt{20} = \sqrt{4 \times 5} = \sqrt{4} \times \sqrt{5} = 2\sqrt{5}$

et $\sqrt{45} = \sqrt{9 \times 5} = \sqrt{9} \times \sqrt{5} = 3\sqrt{5}$,

donc $A = 4 \times 2\sqrt{5} - 3\sqrt{5} + 11\sqrt{5} = 8\sqrt{5} - 3\sqrt{5} + 11\sqrt{5} = 16\sqrt{5}$.

On sait que :

$\sqrt{180} = \sqrt{36 \times 5} = \sqrt{36} \times \sqrt{5} = 6\sqrt{5}$,

donc $B = 2 \times 6\sqrt{5} - 4\sqrt{5} = 12\sqrt{5} - 4\sqrt{5} = 8\sqrt{5}$.

2. D'après la question précédente, on a :

$A \times B = 16\sqrt{5} \times 8\sqrt{5} = 16 \times 8 \times 5 = 640$.

$\dfrac{A}{B} = \dfrac{16\sqrt{5}}{8\sqrt{5}} = 2$.

$A \times B$ et $\dfrac{A}{B}$ sont bien des entiers.

Exercice 2

$$A = \frac{21 \times 14}{77} \times \frac{10^7 \times 10^{-2}}{10^2} = \frac{42}{11} \times \frac{10^5}{10^2} = \frac{42}{11} \times 10^3 = \frac{42}{11} \times 1000 = \frac{42000}{11}$$

Exercice 3

$$A = \frac{35 \times 10^{-7} \times 3 \times 10^5}{21 \times 10^{-3}} = \frac{35 \times 3}{21} \times \frac{10^{-7} \times 10^5}{10^{-3}} = 5 \times \frac{10^{-2}}{10^{-3}} = 5 \times 10^1$$

Exercice 4

Soit $x \in \mathbb{R}$.

$A = (2x)^2 + 2 \times 2x \times 5 + 5^2 + 7^2 - 2 \times 7 \times x + x^2$

$A = 4x^2 + 20x + 25 + 49 - 14x + x^2$

$A = 5x^2 + 6x + 74$

Soit $t \in \mathbb{R}$

$B = 5\left(t^2 - 3^2\right) + t^2 - 2 \times t \times 3 + 3^2$

$B = 5t^2 - 45 + t^2 - 6t + 9$

$B = 6t^2 - 6t + 36$

Exercice 5

Soit $x \in \mathbb{R}$.

$A = (2x+5)^2 - (7-x)^2$

$A = [(2x+5)+(7-x)] \times [(2x+5)-(7-x)]$

$A = (x+12)(3x-2)$

Soit $t \in \mathbb{R}$

$B = 5(t-3)(t+3) + (t-3)^2$

$B = 5(t-3)(t+3) + (t-3)(t-3)$

$B = (t-3)[5(t+3)+(t-3)]$

$B = (t-3)(5t+15+t-3)$

$B = (t-3)(6t+12)$

Chapitre 4

Exercice 1

Afin de résoudre cette inéquation, on étudie le signe de $(2x+1)(x-3)$. Pour étudier le signe d'un produit, on étudie d'abord le signe de chaque facteur.

- $2x+1>0 \Leftrightarrow 2x>-1 \Leftrightarrow x>-\frac{1}{2}$
- $x-3>0 \Leftrightarrow x>3$

On dresse ensuite un tableau de signes en faisant apparaître les deux facteurs ainsi que les valeurs de x pour lesquelles leur signe change.

x	$-\infty$		$-\frac{1}{2}$		3		$+\infty$
$2x+1$		$-$	0	$+$		$+$	
$x-3$		$-$		$-$	0	$+$	
$(2x+1)(x-3)$		$+$	0	$-$	0	$+$	

On constate que $(2x+1)(x-3)\geqslant 0$ sur $\left]-\infty;-\frac{1}{2}\right]$ et sur $[3;+\infty[$.

L'ensemble des solutions de l'inéquation est : $S=\left]-\infty;-\frac{1}{2}\right]\cup[3;+\infty[$

Exercice 2

Afin de résoudre cette inéquation, on étudie le signe de $(x-4)(1-3x)$. Pour étudier le signe d'un produit, on étudie d'abord le signe de chaque facteur.

- $x-4>0 \Leftrightarrow x>4$
- $1-3x>0 \Leftrightarrow -3x>-1 \Leftrightarrow x<\frac{1}{3}$

On dresse ensuite un tableau de signes en faisant apparaître les deux facteurs ainsi que les valeurs de x pour lesquelles leur signe change.

x	$-\infty$		$\frac{1}{3}$		4		$+\infty$
$x-4$		$-$		$-$	0	$+$	
$1-3x$		$+$	0	$-$		$-$	
$(x-4)(1-3x)$		$-$	0	$+$	0	$-$	

On constate que $(x-4)(1-3x)<0$ sur $\left]-\infty;\frac{1}{3}\right[$ et sur $]4;+\infty[$.

L'ensemble des solutions de l'inéquation est : $S=\left]-\infty;\frac{1}{3}\right[\cup]4;+\infty[$

Exercice 3

Afin de résoudre cette inéquation, on étudie le signe de $(x-4)(2x-1)$. Pour étudier le signe d'un produit, on étudie d'abord le signe de chaque facteur.

- $x-4>0 \Leftrightarrow x>4$
- $2x-1>0 \Leftrightarrow 2x>1 \Leftrightarrow x>\frac{1}{2}$

On dresse ensuite un tableau de signes en faisant apparaître les deux facteurs ainsi que les valeurs de x pour lesquelles leur signe change.

x	$-\infty$		$\frac{1}{2}$		4		$+\infty$
$x-4$		$-$		$-$	0	$+$	
$2x-1$		$-$	0	$+$		$+$	
$(x-4)(2x-1)$		$+$	0	$-$	0	$+$	

On constate que $(x-4)(2x-1)\leqslant 0$ sur $\left[\frac{1}{2};4\right]$

L'ensemble des solutions de l'inéquation est : $S=\left[\frac{1}{2};4\right]$.

Exercice 4

$$\frac{(x+1)(x+3)}{2x+1}=0$$

Un quotient est nul si et seulement si son numérateur est nul.

$(x+1)(x+3)=0$

Un produit de facteurs est nul si et seulement si l'un de ses facteurs au moins est nul.

$\Leftrightarrow x+1=0$ ou $x+3=0$

$\Leftrightarrow x=-1$ ou $x=-3$

De plus le dénominateur est non nul pour $x=-1$ et ou $x=-3$, donc -3 et -1 sont bien solution de l'équation.

Exercice 5

$$\frac{2x-2}{x-1}=0$$

Un quotient est nul si et seulement si son numérateur est nul.

$2x-2=0$

$\Leftrightarrow 2x=2$

$\Leftrightarrow x=1$

L'équation est définie sur $\mathbb{R}\setminus\{1\}$ donc l'équation n'admet pas de solution.

L'ensemble des solutions de l'équation est : $S=\varnothing$

Chapitre 5

Exercice 1

Un nombre premier est un nombre différent de 1, divisible seulement par 1 et lui-même. On écrit 96 comme un produit de facteurs, et chaque facteur lui-même comme un produit de facteurs, jusqu'à ce que 96 soit uniquement écrit comme un produit de facteurs premiers.

- 96 est divisible par 2 : $96 = 2\times 48$.
- 48 est divisible par 2 : $48 = 2\times 24$.
- 24 est divisible par 2 : $24 = 2\times 12$.
- 12 est divisible par 2 : $12 = 2\times 6$.
- 6 est divisible par 2 : $6 = 2\times 3$.
- 3 est un nombre premier

$96 = 2\times 2\times 2\times 2\times 2\times 3 = 2^5\times 3$

La décomposition de 96 en produit de facteurs premiers est donc :

$96 = 2\times 2\times 2\times 2\times 2\times 3 = 2^5\times 3$

Exercice 2

Un nombre premier est un nombre différent de 1, divisible seulement par 1 et lui-même. On écrit 38 comme un produit de facteurs, et chaque facteur lui-même comme un produit de facteurs, jusqu'à ce que 38 soit uniquement écrit comme un produit de facteurs premiers.

- 38 est divisible par 2 : $38 = 2\times 19$.
- 19 est un nombre premier.

$38 = 19\times 2$

La décomposition de 38 en produit de facteurs premiers est donc :

$38 = 19\times 2$

Exercice 3

Un nombre premier est un nombre différent de 1, divisible seulement par 1 et lui-même. On écrit 315 comme un produit de facteurs, et chaque facteur lui-même comme un produit de facteurs, jusqu'à ce que 315 soit uniquement écrit comme un produit de facteurs premiers.

- 315 est divisible par 3 : $315 = 3\times 105$.
- 105 est divisible par 3 : $105 = 3\times 35$.
- 35 est divisible par 5 : $35 = 5\times 7$.
- 7 est un nombre premier.

$315 = 3\times 3\times 5\times 7 = 3^2\times 5\times 7$

La décomposition de 315 en produit de facteurs premiers est donc :

$315 = 3\times 3\times 5\times 7 = 3^2\times 5\times 7$

Exercice 4

Un nombre premier est un nombre différent de 1, divisible seulement par 1 et lui-même. On écrit 110 comme un produit de facteurs, et chaque facteur lui-même comme un produit de facteurs, jusqu'à ce que 110 soit uniquement écrit comme un produit de facteurs premiers.

- 110 est divisible par 2 : $110 = 2 \times 55$.
- 55 est divisible par 5 : $55 = 5 \times 11$.
- 11 est un nombre premier.

$110 = 2 \times 5 \times 11$

La décomposition de 110 en produit de facteurs premiers est donc :

$110 = 2 \times 5 \times 11$

Exercice 5

Un nombre premier est un nombre différent de 1, divisible seulement par 1 et lui-même. On écrit 111 comme un produit de facteurs, et chaque facteur lui-même comme un produit de facteurs, jusqu'à ce que 111 soit uniquement écrit comme un produit de facteurs premiers.

- 111 est divisible par 3 : $111 = 3 \times 37$.
- 37 est un nombre premier.

$111 = 3 \times 37$

La décomposition de 111 en produit de facteurs premiers est donc : $111 = 3 \times 37$.

Chapitre 6

Exercice 1

Soit $f(x) = x^2 - 3x - 1$.

L'image de 2 par f vaut $f(2)$.

$f(2) = 2^2 - 6 - 1 = 4 - 6 - 1 = -3$

L'image de 2 par la fonction f est –3.

Exercice 2

Soit $f(x) = \dfrac{2x-1}{x-2}$.

L'image de –1 par f vaut $f(-1)$.

$f(-1) = \dfrac{-2-1}{-1-2} = 1$

L'image de –1 par la fonction f est 1.

Exercice 3

Le point $A(5;-2)$ appartient à la courbe C si et seulement si $5 \in \mathcal{D}_f$ et $f(5) = -2$.

On a :

$5 \in [4;+\infty[$ et

$f(5) = \sqrt{5-4} = 1$.

Ainsi, $1 \neq -2$

On pouvait noter que l'image d'un point par la fonction racine n'est jamais négative.

Le point $A(5;-2)$ n'appartient pas à la courbe C.

Exercice 4

Le point $A\left(0;-\dfrac{1}{2}\right)$ appartient à la courbe C si et seulement si $0 \in \mathcal{D}_f$ et $f(0) = -\dfrac{1}{2}$.

On a :

$0 \in \mathbb{R} \setminus \{2\}$ et

$f(0) = \dfrac{3 \times 0^2 + 1}{0-2} = -\dfrac{1}{2}$.

Ainsi, $f(0) = -\frac{1}{2}$

Le point $A\left(0;-\frac{1}{2}\right)$ appartient à la courbe C.

Exercice 5

$f(x)$ existe si et seulement si son dénominateur est non nul.

Ainsi, $x \in D_f \Leftrightarrow x-1 \neq 0 \Leftrightarrow x \neq 1$

$D_f = \mathbb{R} \setminus \{1\}$

Chapitre 7

Exercice 1

1. La fonction f est strictement croissante sur $]-\infty;-5]$ et sur $[-3;0]$.

Elle est strictement décroissante sur $[-5;-3]$ et sur $[0;+\infty[$.

2. Comme la fonction f est strictement décroissante sur $[0;+\infty[$ et $0 \leq 1 < 2$, on en déduit :

$f(1) > f(2)$.

Comme la fonction f strictement croissante sur $[-3;0]$ et $-3 \leq -2 < -1 \leq 0$, on en déduit :

$f(-2) < f(-1)$

D'une part la fonction f est strictement croissante sur $]-\infty;-5]$, strictement décroissante sur $[-5;-3]$.

D'autre part $-6 \in]-\infty;-5]$ et $-4 \in [-5;-3]$.

On ne peut donc pas comparer $f(-6)$ et $f(-4)$ sans informations supplémentaires.

Exercice 2

1. Soit $x \in \mathbb{R}$.

$2(x-3)^2 + 5 = 2\left(x^2 - 6x + 9\right) + 5 = 2x^2 - 12x + 18 + 5 = 2x^2 - 12x + 23$.

On a bien $f(x) = 2(x-3)^2 + 5$ pour tout réel x.

2. Pour tout réel x, $(x-3)^2 \geq 0$,

donc $2(x-3)^2 \geq 0$ et $2(x-3)^2 + 5 \geq 5$.

Autrement dit $f(x) \geq 5$ pour tout réel x.

De plus $f(3) = 2 \times (3-3)^2 + 5 = 5$.

Ainsi, pour tout réel x, $f(x) \geq f(3)$.

La fonction f admet bien un minimum en 3, qui vaut 5.

Exercice 3

L'affirmation 4 est la seule vraie. En effet, f est croissante sur $[0;+\infty[$ et $x > 0$ donc $f(0) \leq f(x)$.

Exercice 4

La courbe C_f est une droite entre [-5;6]. De plus $f(6) > f(-5)$.

On peut donc dire que la fonction f est croissante sur l'intervalle $[-5;6]$ et quelle est également monotone sur cet intervalle.

Elle est monotone sur l'intervalle $\left[-5;6\right]$.

Elle est croissante sur l'intervalle $\left[-5;6\right]$.

Exercice 5

f est une fonction affine donc une fonction de la forme $f(x) = ax + \mathrm{b}$.

Sur la courbe on voit que $f(2) < f(0)$ donc $2a + b < b$ donc $2a < 0$ donc $a < 0$.

Ainsi f est une fonction affine avec un coefficient directeur négatif donc f est décroissante sur $\mathbb{R}$

Elle est décroissante sur $\mathbb{R}$.

Chapitre 8

Exercice 1

Soit d la droite représentative de la fonction f.

Une équation de d est donc :

$y = -2(-x+2)$

Pour faire apparaître le coefficient directeur de d, on isole le terme de facteur x :

$y = 2x - 4$

On en déduit que le coefficient directeur de d est 2.

Exercice 2

a. La fonction inverse est strictement décroissante sur $]0;+\infty[$.

Par conséquent, si x est un réel tel que $3 \leq x \leq 7$, on obtient :

$\frac{1}{3} \geq \frac{1}{x} \geq \frac{1}{7}$,

soit $\frac{1}{7} \leq \frac{1}{x} \leq \frac{1}{3}$.

b. La fonction inverse est strictement décroissante sur $]-\infty;0[$.

Par conséquent, si x est un réel tel que $-10 < x < -2$, on obtient :

$\frac{1}{-10} > \frac{1}{x} > \frac{1}{-2}$,

soit $-0{,}5 < \frac{1}{x} < -0{,}1$.

c. La fonction inverse est strictement décroissante sur $]0;+\infty[$.

Par conséquent, si x est un réel tel que $x \in [4;10]$, c'est-à-dire $4 \leq x \leq 10$, on obtient :

$\frac{1}{4} \geq \frac{1}{x} \geq \frac{1}{10}$,

soit $\frac{1}{10} \leq \frac{1}{x} \leq \frac{1}{4}$.

Exercice 3

a. La fonction inverse est strictement décroissante sur $]0;+\infty[$.

Par conséquent, si x est un réel tel que $3 \leq \frac{1}{x} \leq 7$, c'est-à-dire $\frac{1}{\frac{1}{3}} \leq \frac{1}{x} \leq \frac{1}{\frac{1}{7}}$, on obtient :

$\frac{1}{3} \geq x \geq \frac{1}{7}$,

soit $\frac{1}{7} \leq x \leq \frac{1}{3}$.

b. La fonction inverse est strictement décroissante sur $]-\infty;0[$.

Par conséquent, si x est un réel tel que $-10 < \frac{1}{x} < -2$, c'est-à-dire $\frac{1}{\frac{1}{-10}} < \frac{1}{x} < \frac{1}{\frac{1}{-2}}$, on obtient :
$\frac{1}{-10} > x > \frac{1}{-2}$,

soit $-0{,}5 < x < -0{,}1$.

c. La fonction inverse est strictement décroissante sur $]0;+\infty[$.

Par conséquent, si x est un réel tel que $\frac{1}{x} \in [4;10]$, c'est-à-dire $4 \leq \frac{1}{x} \leq 10$, soit $\frac{1}{\frac{1}{4}} \leq \frac{1}{x} \leq \frac{1}{\frac{1}{10}}$, on obtient :

$\frac{1}{4} \geq x \geq \frac{1}{10}$,

soit $\frac{1}{10} \leq x \leq \frac{1}{4}$.

Exercice 4

a. D'une part $0 \leq 3{,}2 < 3{,}23$,

d'autre part la fonction carrée est strictement croissante sur $[0;+\infty[$.

On en déduit :

$0^2 \leq 3{,}2^2 < 3{,}23^2$,

soit $0 \leq 3{,}2^2 < 3{,}23^2$.

b. D'une part $\pi > 3 \geq 0$,

d'autre part la fonction inverse est strictement décroissante sur $]0;+\infty[$.

On en déduit :
$\frac{1}{\pi} < \frac{1}{3}$.

c. D'une part $3+\sqrt{3} > 3-\sqrt{3} > 0$,

d'autre part la fonction cube est strictement croissante sur $\mathbb{R}$.

On en déduit :

$$\left(3+\sqrt{3}\right)^3 > \left(3-\sqrt{3}\right)^3 > 0^3 ,$$

soit $\left(3+\sqrt{3}\right)^3 > \left(3-\sqrt{3}\right)^3 > 0$.

De plus la fonction inverse est strictement décroissante sur $]0;+\infty[$.

On en déduit :

$$\frac{1}{\left(3+\sqrt{3}\right)^3} < \frac{1}{\left(3-\sqrt{3}\right)^3} .$$

Exercice 5

Soit $x \in \mathbb{R}$, on a :

$-x \in \mathbb{R}$ et $f(-x) = 7(-x)^3 - 5(-x) = 7\times\left(-x^3\right) + 5x = -7x^3 + 5x = -f(x)$.

La fonction f est donc impaire.

Chapitre 9

Exercice 1

Les solutions de l'équation $f(x)=g(x)$ sont les abscisses des points d'intersection entre la courbe C et la droite d.

On remarque qu'il y a deux points d'intersection dont les abscisses sont -1 et 0.

L'ensemble des solutions de l'équation est : $S=\{-1;0\}$

Exercice 2

Les solutions de l'équation $f(x)=g(x)$ sont les abscisses des points d'intersection entre la courbe C et la droite d.

On remarque qu'il y a deux points d'intersection dont les abscisses sont -1 et 1.

L'ensemble des solutions de l'équation est : $S=\{-1;1\}$

Exercice 3

Les solutions de l'équation $f(x)=g(x)$ sont les abscisses des points d'intersection entre la courbe C_1 et la courbe C_2.

On remarque qu'il y a deux points d'intersection dont les abscisses sont -1 et 1.

L'ensemble des solutions de l'équation est : $S=\{-1;1\}$

Exercice 4

Les solutions de l'équation $f(x)=g(x)$ sont les abscisses des points d'intersection entre la courbe C_1 et la courbe C_2.

On remarque qu'il y a un seul point d'intersection dont l'abscisse est 0.

L'ensemble des solutions de l'équation est : $S=\{0\}$

Exercice 5

Les solutions de l'équation $f(x)=g(x)$ sont les abscisses des points d'intersection entre la courbe C_1 et la courbe C_2.

On remarque qu'il y a deux points d'intersection dont les abscisses sont -1 et 1.

L'ensemble des solutions de l'équation est : $S=\{-1;1\}$

Chapitre 10

Exercice 1

Comme le triangle ABC est rectangle en A, on a, d'après le théorème de Pythagore :

$BC^2 = AB^2 + AC^2$.

D'où $AC^2 = BC^2 - AB^2$.

$AC^2 = 29^2 - 20^2 = 441$

$AC = \sqrt{441} = 21$

Exercice 2

1. D'une part $AB^2 + AC^2 = 5^2 + 12^2 = 25 + 144 = 169$.

D'autre part $BC^2 = 13^2 = 169$.

Donc $BC^2 = AB^2 + AC^2$.

D'après la réciproque du théorème de Pythagore, le triangle ABC est rectangle en A.

2. Comme le triangle ABC est rectangle en A, on a :

$$\cos\left(\widehat{ABC}\right) = \frac{AB}{BC} = \frac{5}{13}.$$

On en déduit :

$\widehat{ABC} \approx 67{,}4°$.

Exercice 3

1. D'une part $AB^2 + AC^2 = 10^2 + 24^2 = 100 + 576 = 676$.

D'autre part $BC^2 = 26^2 = 676$.

Donc $BC^2 = AB^2 + AC^2$.

D'après la réciproque du théorème de Pythagore, le triangle ABC est rectangle en A.

2. Comme le triangle ABC est rectangle en A, on sait que son aire est :

$$\mathcal{A} = \frac{AB \times AC}{2} = \frac{10 \times 24}{2} = 120 \text{ cm}^2.$$

On peut également calculer son aire en utilisant le point H, projeté du point A sur le segment $[BC]$:

$$\mathcal{A} = \frac{BC \times AH}{2}.$$

On en déduit :

$$AH = \frac{2\mathcal{A}}{BC} = \frac{2 \times 120}{26}$$

$$AH = \frac{120}{13} \approx 9{,}23 \text{ cm}.$$

Exercice 4

L'aire A d'un disque de rayon r vaut :

$A = \pi \times r^2$

Ici, $r = 3$. On a donc :

$A = \pi \times 3^2 = 9\pi$

Comme $\pi \approx 3{,}14$, on obtient $A \approx 28$ cm^2.

Ainsi, $A = 9\pi \approx 28$ cm^2.

Exercice 5

L'aire A d'un disque de rayon r vaut :

$A = \pi \times r^2$

Ici, $r = 39{,}5$. On a donc :

$A = \pi \times 39{,}5^2 = 1\,560{,}25\pi$

Comme $\pi \approx 3{,}14$, on obtient $A \approx 4\,899$ cm^2.

Ainsi, $A = 1\,560{,}25\pi \approx 4\,899$ cm^2.

Chapitre 11

Exercice 1

D'après le cours, si $A(x_A; y_A)$ et $B(x_B; y_B)$, alors l'abscisse du vecteur $\overrightarrow{AB}$ est $x_B - x_A$, et l'ordonnée du vecteur $\overrightarrow{AB}$ est $y_B - y_A$.

Ici, $A(3;-4)$ et $B(3;-4)$. Les coordonnées de $\overrightarrow{AB}$ sont donc :

$$\overrightarrow{AB}\begin{pmatrix} x_B - x_A \\ y_B - y_A \end{pmatrix}$$

$$\overrightarrow{AB}\begin{pmatrix} 3-3 \\ -4-(-4) \end{pmatrix}$$

$$\overrightarrow{AB}\begin{pmatrix} 0 \\ 0 \end{pmatrix}$$

$$\overrightarrow{AB}\begin{pmatrix} 0 \\ 0 \end{pmatrix}$$

Exercice 2

D'après le cours, si $A(x_A; y_A)$ et $B(x_B; y_B)$, alors l'abscisse du vecteur $\overrightarrow{AB}$ est $x_B - x_A$, et l'ordonnée du vecteur $\overrightarrow{AB}$ est $y_B - y_A$.

Ici, $A(-1;2)$ et $B(2;-1)$. Les coordonnées de $\overrightarrow{AB}$ sont donc :

$$\overrightarrow{AB}\begin{pmatrix} x_B - x_A \\ y_B - y_A \end{pmatrix}$$

$$\overrightarrow{AB}\begin{pmatrix} 2-(-1) \\ -1-2 \end{pmatrix}$$

$$\overrightarrow{AB}\begin{pmatrix} 2+1 \\ -3 \end{pmatrix}$$

$$\overrightarrow{AB}\begin{pmatrix} 3 \\ -3 \end{pmatrix}$$

Exercice 3

Les vecteurs $\overrightarrow{AB}$ et $\overrightarrow{CD}$ sont colinéaires si et seulement s'il existe un réel k tel que $\overrightarrow{AB} = k\overrightarrow{CD}$.

Les coordonnées de ces vecteurs sont :

$\overrightarrow{AB}\begin{pmatrix} x_B - x_A \\ y_B - y_A \end{pmatrix}$, c'est-à-dire $\overrightarrow{AB}\begin{pmatrix} 3-1 \\ 2-3 \end{pmatrix}$. Ainsi, $\overrightarrow{AB}\begin{pmatrix} 2 \\ -1 \end{pmatrix}$.

$\overrightarrow{CD}\begin{pmatrix} x_D - x_C \\ y_D - y_C \end{pmatrix}$, c'est-à-dire $\overrightarrow{CD}\begin{pmatrix} 9-5 \\ -6-(-4) \end{pmatrix}$. Ainsi, $\overrightarrow{CD}\begin{pmatrix} 4 \\ -2 \end{pmatrix}$.

En calculant le rapport des coordonnées de $\overrightarrow{CD}$ sur celles de $\overrightarrow{AB}$, on remarque : $\frac{4}{2} = \frac{-2}{-1}$. Donc : $\overrightarrow{CD} = 2\overrightarrow{AB}$.

Les vecteurs $\overrightarrow{AB}$ et $\overrightarrow{CD}$ sont donc colinéaires.

Exercice 4

Les vecteurs $\overrightarrow{AB}$ et $\overrightarrow{CD}$ sont colinéaires si et seulement s'il existe un réel k tel que $\overrightarrow{AB} = k\overrightarrow{CD}$.

Les coordonnées de ces vecteurs sont :

$\overrightarrow{AB}\begin{pmatrix} x_B - x_A \\ y_B - y_A \end{pmatrix}$, c'est-à-dire $\overrightarrow{AB}\begin{pmatrix} 4-(-1) \\ -1-(-2) \end{pmatrix}$. Ainsi, $\overrightarrow{AB}\begin{pmatrix} 5 \\ 1 \end{pmatrix}$.

$\overrightarrow{CD}\begin{pmatrix} x_D - x_C \\ y_D - y_C \end{pmatrix}$, c'est-à-dire $\overrightarrow{CD}\begin{pmatrix} 5-6 \\ 5-1 \end{pmatrix}$. Ainsi, $\overrightarrow{CD}\begin{pmatrix} -1 \\ 4 \end{pmatrix}$.

En calculant le rapport des coordonnées de $\overrightarrow{CD}$ sur celles de $\overrightarrow{AB}$, on remarque : $\frac{-1}{5} \neq \frac{4}{1}$.

Les vecteurs $\overrightarrow{AB}$ et $\overrightarrow{CD}$ ne sont donc pas colinéaires.

Exercice 5

Notons $(x;y)$ les coordonnées du point D.

Le vecteur $\overrightarrow{AB}$ a pour coordonnées $\begin{pmatrix} x_B - x_A \\ y_B - y_A \end{pmatrix}$, soit $\begin{pmatrix} 6-(-3) \\ 1-5 \end{pmatrix}$, c'est-à-dire $\begin{pmatrix} 9 \\ -4 \end{pmatrix}$.

Le vecteur $\overrightarrow{CD}$ a pour coordonnées $\begin{pmatrix} x_D - x_C \\ y_D - y_C \end{pmatrix}$, soit $\begin{pmatrix} x-2 \\ y-(-4) \end{pmatrix}$, c'est-à-dire $\begin{pmatrix} x-2 \\ y+4 \end{pmatrix}$.

Comme $\overrightarrow{AB} = \overrightarrow{CD}$, on en déduit :

$$\begin{cases} x-2=9 \\ y+4=-4 \end{cases},$$

donc $x = 9+2 = 11$ et $y = -4-4 = -8$.

Les coordonnées du point D sont $(11;-8)$.

Chapitre 12

Exercice 1

Étape 1

Calcul du coefficient directeur a

D est parallèle à Δ donc D et Δ ont le même coefficient directeur.

Or, $\Delta : y = -3x + 1$, donc le coefficient directeur de Δ (et de D) vaut $a = -3$.

Ainsi, D a une équation de la forme $y = -3x + b, b \in \mathbb{R}$.

Étape 2

Calcul de b

$A(2;1) \in D$, donc ses coordonnées vérifient l'équation de D.

$y_A = -3x_A + b$

$\Leftrightarrow 1 = -3 \times 2 + b$

$\Leftrightarrow b = 1 + 6$

$\Leftrightarrow b = 7$

$D : y = -3x + 7$

Exercice 2

Étape 1

Calcul du coefficient directeur a

D est parallèle à Δ donc D et Δ ont le même coefficient directeur.

Or, $\Delta : y = \frac{2}{3}x - 1$, donc le coefficient directeur de Δ (et de D) vaut $a = \frac{2}{3}$.

Ainsi, D a une équation de la forme $y = \frac{2}{3}x + b, b \in \mathbb{R}$.

Étape 2

Calcul de b

$A(4;-1) \in D$, donc ses coordonnées vérifient l'équation de D.

$y_A = \frac{2}{3}x_A + b$

$\Leftrightarrow -1 = \frac{2}{3} \times 4 + b$

$\Leftrightarrow b = -1 - \frac{8}{3}$

$\Leftrightarrow b = -\frac{11}{3}$

$D : y = \frac{2}{3}x - \frac{11}{3}$

Exercice 3

Les points A , B et C sont alignés si et seulement si les droites (AB) et (AC) ont le même coefficient directeur.

- Le coefficient directeur de la droite (AB) est $\frac{y_B - y_A}{x_B - x_A} = \frac{2-5}{2-0} = -\frac{3}{2}$.
- Le coefficient directeur de la droite (AC) est $\frac{y_C - y_A}{x_C - x_A} = \frac{8-5}{-2-0} = -\frac{3}{2}$.

(AB) et (AC) ont le même coefficient directeur, donc les points sont alignés.

Les points A , B et C sont donc alignés.

Exercice 4

Deux droites sont parallèles lorsqu'elles ont le même coefficient directeur.

- D a pour équation $y = \frac{4}{5}x - 21$ donc son coefficient directeur est $\frac{4}{5}$.
- D' a pour équation $y = \frac{4}{5}x - \frac{1}{6}$ donc son coefficient directeur est $\frac{4}{5}$.

Les coefficients directeurs de D et D' sont donc égaux.

D est parallèle à D' .

Exercice 5

Le point d'intersection de deux droites appartient à chacune de ces droites : ses coordonnées vérifient donc l'équation de chacune de ces droites.

Pour déterminer les coordonnées de l'intersection des droites D_1 et D_2, il suffit donc de résoudre le système suivant :

$$\begin{cases} y = \frac{3}{7}x - \frac{1}{7} \\ y = -\frac{5}{4}x + \frac{1}{2} \end{cases}$$

L'abscisse de l'éventuel point d'intersection des droites D_1 et D_2 est donc solution de l'équation :

$$\frac{3}{7}x - \frac{1}{7} = -\frac{5}{4}x + \frac{1}{2}$$

$$\Leftrightarrow \frac{3}{7}x + \frac{5}{4}x = \frac{1}{2} + \frac{1}{7}$$

$$\Leftrightarrow x = \frac{18}{47}$$

$y = \frac{3}{4} \times \frac{18}{47} - \frac{1}{7} = \frac{95}{658}$ Les droites D_1 et D_2 ont donc un point d'intersection dont les coordonnées sont $\left(\frac{18}{47} ; \frac{95}{968}\right)$

Chapitre 13

Exercice 1

Soit A un événement.

On note $\overline{A}$ l'événement complémentaire de A .

On a dans ce cas $p(\overline{A})=1-p(A)$, donc la probabilité qu'un élève ne fasse pas d'anglais est de $1-0,4=0,6$.

Exercice 2

Soit A un événement.

On note $\overline{A}$ l'événement complémentaire de A.

On a dans ce cas $p(\overline{A})=1-p(A)$, donc la probabilité qu'il ne fasse pas beau demain est de $p(\overline{A})=1-0,8=0,2$.

Exercice 3

Il faut additionner le nombre de garçons venant à pied et le nombre de garçons venant en bus, soit :

Il y a 12 garçons dans la classe, donc 12 issues positives possibles pour l'événement « être un garçon ».

Exercice 4

Il faut additionner la colonne correspondant à la plage et celle correspondant au musée.

On obtient : $8+10+4+1+2+6=31$.

Il y a 31 issues réalisant l'événement « ce touriste ne va pas randonner ».

Exercice 5

Soit S l'événement « l'enfant fait du ski ». Soit B l'événement « l'enfant fait du snowboard ».

D'après l'énoncé, on peut dire que $p(S)=0,75$, $p(B)=0,30$ et que $p(S\cup B)=0,95$.

La probabilité cherchée correspond à $p(S\cap B)$.

En utilisant la formule $p(S\cup B)=p(S)+p(B)-p(S\cap B)$, on trouve que

$p(S\cap B)=p(S)+p(B)-p(S\cup B)=0,75+0,30-0,95=0,10$.

Il y a 10 % de chances qu'un enfant choisi au hasard fasse à la fois du ski et du snowboard.

$p(S\cap B)=0,10$

Chapitre 14

Exercice 1

Étape 1

Calcul de l'effectif total

On commence par calculer l'effectif total :

$N = 175 + 351 + 211 + 455 + 852 + 37 = 2081$

Étape 2

Détermination d'une médiane

Comme l'effectif total est impair une médiane est la valeur de rang $\frac{N+1}{2}$.

$$\frac{N+1}{2} = \frac{2\,081+1}{2} = 1\,041$$

Une médiane est la valeur de série de rang 1041 : elle vaut 50.

$M_{ed} = 50$

Exercice 2

Avant de calculer une valeur approchée de la moyenne, on doit d'abord déterminer le centre de chaque classe. Pour déterminer le centre d'une classe, on divise par 2 la somme de ses extrémités, ainsi :

- Le centre de la classe [10;15[est : $x_1 = \frac{10+15}{2} = \frac{25}{2} = 12,5$.
- Le centre de la classe [15;20[est : $x_2 = \frac{15+20}{2} = \frac{35}{2} = 17,5$.
- Le centre de la classe [20;25[est : $x_3 = \frac{20+25}{2} = \frac{45}{2} = 22,5$.

La moyenne est alors donnée par la formule :

$$\overline{x} \approx \frac{n_1 \times x_1 + n_2 \times x_2 + n_3 \times x_3}{N}$$

On calcule l'effectif total :

$N = 14 + 25 + 86 = 125$

On a alors :

$$\overline{x} \approx \frac{14 \times 12,5 + 25 \times 17,5 + 86 \times 22,5}{125} = 20,38 \text{ kg}$$

La moyenne est $\overline{x} \approx 20,38$ kg .

Exercice 3

Pour calculer la moyenne d'une série de valeurs à l'aide des effectifs, on utilise la formule suivante :

$$\overline{x} = \frac{n_1 \times x_1 + n_2 \times x_2 + ... + n_p \times x_p}{N}$$

où n_1, n_2, etc., représentent respectivement les fréquences des valeurs x_1, x_2, etc.

On calcule d'abord l'effectif total :

$$N = 1+5+7+8+5+3 = 29$$

puis on applique la formule avec les valeurs et les effectifs donnés :

$$\overline{x} = \frac{1\times 0+5\times 1+7\times 2+8\times 3+5\times 4+3\times 5}{29} \approx 2{,}69$$

La moyenne de la série est donc $\overline{x} = 2{,}69$.

Exercice 4

Pour calculer la moyenne d'une série de valeurs à l'aide des fréquences, on utilise la formule suivante :

$$\overline{x} = f_1 \times x_1 + f_2 \times x_2 + ... + f_n \times x_n$$

où f_1, f_2, etc., représentent respectivement les fréquences des valeurs x_1, x_2, etc.

On applique la formule avec les valeurs et les fréquences données :

$$\overline{x} = 0{,}05\times 14+0{,}25\times 15+0{,}3\times 16+0{,}2\times 17+0{,}15\times 18+0{,}025\times 19+0{,}025\times 20 = 16{,}325$$

La moyenne de la série est donc $\overline{x} = 16{,}325$.

Chapitre 15

Exercice 1

Notons p la proportion supposée des personnes allergiques aux acariens et n la taille des échantillons sur lesquels est effectué le sondage.

On a :

$p = \frac{31}{100} = 0,31$, donc $0,2 \leq p \leq 0,8$

$n = 450$ donc $n \geq 25$

On peut donc utiliser l'intervalle $I = \left[p - \frac{1}{\sqrt{n}}; p + \frac{1}{\sqrt{n}}\right]$ comme intervalle de fluctuation au seuil de 95 % des fréquences des personnes allergiques aux acariens sur des échantillons de 450 personnes.

$p - \frac{1}{\sqrt{n}} = 0,31 - \frac{1}{\sqrt{450}} \approx 0,262$ (valeur arrondie par défaut)

$p + \frac{1}{\sqrt{n}} = 0,31 + \frac{1}{\sqrt{450}} \approx 0,358$ (valeur arrondie par excès)

Ainsi, l'intervalle $I = [0,262; 0,358]$ convient.

Exercice 2

Notons p la proportion supposée des Irlandais ayant les yeux clairs et n la taille des échantillons sur lesquels est effectué le sondage.

On a :

$p = \frac{62}{100} = 0,62$, donc $0,2 \leq p \leq 0,8$

$n = 112 \geq 25$

On peut donc utiliser l'intervalle $I = \left[p - \frac{1}{\sqrt{n}}; p + \frac{1}{\sqrt{n}}\right]$ comme intervalle de fluctuation au seuil de 95 % des fréquences des personnes ayant des yeux clairs sur des échantillons de 112 personnes.

$p - \frac{1}{\sqrt{n}} = 0,62 - \frac{1}{\sqrt{112}} \approx 0,525$ (valeur arrondie par défaut)

$p + \frac{1}{\sqrt{n}} = 0,62 + \frac{1}{\sqrt{112}} \approx 0,715$ (valeur arrondie par excès)

$n = 112$ donc $n \geqslant 25$. Ainsi, l'intervalle $I = [0,525; 0,715]$ convient.

Exercice 3

Notons n l'effectif de l'échantillon et f la fréquence des votants ayant choisi le candidat A pour le sondage.

On a $n = 1\,000$ donc $n \geq 25$.

$f = \dfrac{400}{1000} = 0{,}4$, donc $0{,}2 \leq f \leq 0{,}8$

On peut donc, à partir de cette fréquence, donner un intervalle de confiance au seuil de 95 % de la proportion des votants ayant l'intention de voter pour le candidat A :

L'intervalle $I = \left[f - \dfrac{1}{\sqrt{n}} ; f + \dfrac{1}{\sqrt{n}} \right]$ convient.

$f - \dfrac{1}{\sqrt{n}} = 0{,}4 - \dfrac{1}{\sqrt{1\,000}} \approx 0{,}368$ (valeur arrondie par défaut)

$f + \dfrac{1}{\sqrt{n}} = 0{,}4 + \dfrac{1}{\sqrt{1\,000}} \approx 0{,}432$ (valeur arrondie par excès)

Ainsi, $I = [0{,}368 ; 0{,}432]$ est un intervalle de confiance au seuil de 95 % de la proportion des votants ayant l'intention de voter pour le candidat A.

Exercice 4

Notons n l'effectif de l'échantillon et f la fréquence des votants ayant choisi le maire sortant pour le sondage.

On a $n = 100$ donc $n \geq 25$.

$f = \dfrac{55}{100} = 0{,}55$, donc $0{,}2 \leq f \leq 0{,}8$

On peut donc, à partir de cette fréquence, donner un intervalle de confiance au seuil de 95 % de la proportion des votants ayant l'intention de voter pour le maire sortant.

L'intervalle $I = \left[f - \dfrac{1}{\sqrt{n}} ; f + \dfrac{1}{\sqrt{n}} \right]$ convient.

$f - \dfrac{1}{\sqrt{n}} = 0{,}55 - \dfrac{1}{\sqrt{100}} = 0{,}45$

$f + \dfrac{1}{\sqrt{n}} = 0{,}55 + \dfrac{1}{\sqrt{100}} = 0{,}65$

Ainsi, $I = [0{,}45 ; 0{,}65]$ est un intervalle de confiance au seuil de 95 % de la proportion des votants ayant l'intention de voter pour le maire sortant.

Le sondage ne permet donc pas de conclure à l'éventualité ou non que le maire sortant soit réélu puisqu'il y a au moins 95 % de chances que la proportion des votants souhaitant l'élire soit comprise entre 45 % et 65 %.

Chapitre 16

Exercice 1

La proportion finale est le produit des deux proportions imbriquées : $\frac{60}{100} \times \frac{20}{100} = \frac{12}{100} = 12\ \%$.

Exercice 2

La proportion finale est le produit des deux proportions imbriquées : $\frac{50}{100} \times \frac{10}{100} = \frac{5}{100} = 5\ \%$.

Exercice 3

Lorsqu'on a augmenté de 5 %, le coefficient multiplicateur était de 1,05.

Pour obtenir le coefficient multiplicateur réciproque, il faut faire l'inverse : $\frac{1}{1,05} \approx 0,952$.

Le taux d'évolution réciproque est donc $\frac{1}{1,05} - 1 \approx -0,048$, soit environ $-4,8$ %.

Exercice 4

Lorsqu'on a diminué la valeur de 60 %, le coefficient multiplicateur était de $1 - 0,6 = 0,4$.

Pour obtenir le coefficient multiplicateur réciproque, il faut faire l'inverse : $\frac{1}{0,4} = 2,5$.

Le taux d'évolution réciproque est donc $2,5 - 1 = 1,5$, soit 150 %.

Il faut que la valeur de l'action augmente de 150 % pour retrouver la valeur initiale.

Exercice 5

Pour avoir la nouvelle quantité, on doit multiplier par le coefficient multiplicateur $1 + \frac{15}{100} = 1,15$.

La nouvelle quantité est donc de $5\ 750 \times 1,15 = 6\ 578$ pièces.

Chapitre 17

Exercice 1

a = aire(5, 12) signifie que la variable a prend la valeur renvoyée par la fonction aire lorsque les paramètres largeur et longueur sont remplacés par 5 et 12.

Dans la fonction la variable aire prend donc la valeur 5×12 et c'est elle qui est renvoyée par la fonction.

Ainsi la variable a prend la valeur 60.

Exercice 2

Le programme suivant convient :

```
age = int(input("Quel est votre âge ?"))
if age >= 18:
    print("20 euros")
else :
    print("12 euros")
```

Exercice 3

On donne à la variable **`consigne`** la valeur **`'Hello world'`** au début du programme.

La variable **`consigne`** est donc une chaîne de caractères **`str`**.

Exercice 4

On remarque que la valeur n augmente de 1 tant que randint(1, 6) n'est pas égal à 6.

La boucle s'arrête lorsque randint(1, 6) est égal à 6.

On affiche la valeur de n qui correspond alors au nombre de fois que l'instruction randint(1, 6) a été exécutée pour atteindre la première fois 6.

Exercice 5

Le programme calcule les quotients entiers successifs de 240 par 2 et retourne la valeur du compteur de division. Il s'arrête dès que le quotient est inférieur ou égal à 7, ce qui arrive à la 5e itération. Le programme affiche : 5.

IMPRIM'VERT®

Impression & brochage SEPEC - France
Numéro d'impression : 19367230494 - Dépôt légal : juin 2023

PEFC 10-31-1470 / Certifié PEFC / Ce produit est issu de forêts gérées durablement et de sources contrôlées. / pefc-france.org